LA BOULANGERIE
面包烘焙教室

［法］ 克里斯托夫·多韦尔涅　 达米安·杜肯　 著
许学勤　 译

中国轻工业出版社

目录

第141页
蒸面包

第146页
印度烤饼

第151页
潘妮托尼

第156页
苹果馅酥皮面包

第161页
可颂面包

第166页
黄杏酥皮面包

第171页
巧克力面包

第176页
葡萄面包

第181页
附录

牛奶面包

● **搭配饮料** 热巧克力//奶茶

50分钟	+	10分钟	+	4小时 40分钟	=	5小时 40分钟	★
操作时间		烘烤时间		静置时间		总用时	难度

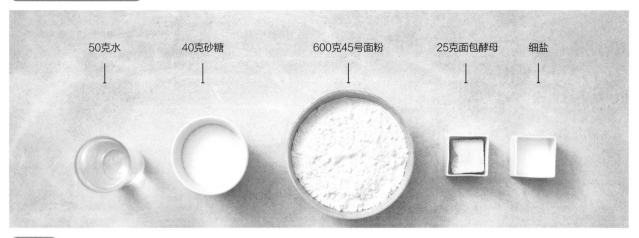

50克水　　40克砂糖　　600克45号面粉　　25克面包酵母　　细盐

乳化物

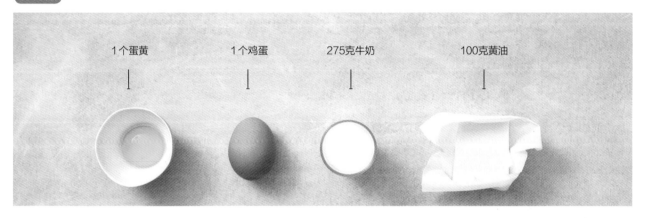

1个蛋黄　　1个鸡蛋　　275克牛奶　　100克黄油

1

1小时前
取配料在室温下恒温。

为什么配料要在室温下恒温？

恒温至室温的配料容易制作，可以确保搓揉均匀。理想的温度范围为20~25℃。

白面包

用牛奶替代蛋黄液，用刷子蘸牛奶刷在面团上。

巧克力面包

在面团中加巧克力碎块，并在面团中掺入一些可可粉，使面团呈大理石纹。

→ **用余下的小块面团**

搓成小球状，在白砂糖或赤砂糖中滚揉，可制成珍珠糖粒小泡芙。

配方变化

苹果－桂皮面包

▶ 在面糊中加煮熟的苹果块及少许桂皮粉。

儿童面包

▶ 为吸引小孩，将面包塑造成各种动物形状，并在烘烤后加以点缀。

1

取配料在室温下恒温

5 分钟

+ 静置 1小时

从冷藏室取出新鲜配料，称取其他配料。在室温下使配料恒温。

2

揉面

15 分钟

在搅打盆中打入一个鸡蛋，搅打均匀。

再加入40克糖、10克盐和275克牛奶，调匀。在混合物中加入25克面包酵母。

在搅打盆中一次性加入500克面粉，搅打5分钟，搅打速度应适当，以免将面粉打到盆外。

用中等速度继续搅打10分钟，使面团光滑并具有弹性。

3

发面

5 分钟

+ 静置 2小时

将面团揉成球状，并在外面撒上一些面粉。

将面团放入适当容器中，用面布或塑料膜覆盖。

让面团在30℃温度下发面30分钟，然后移至阴凉处醒发1小时30分钟。

4

整形

20
分钟

+ 静置 1小时30分钟

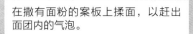

在撒有面粉的案板上揉面，以赶出面团内的气泡。

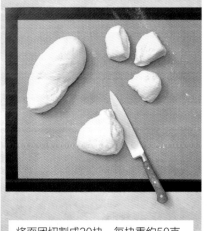

将面团切割成20块，每块重约50克。

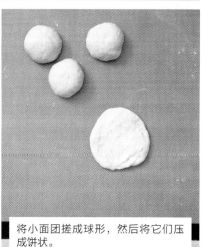

将小面团搓成球形，然后将它们压成饼状。

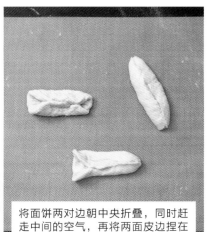

将面饼两对边朝中央折叠，同时赶走中间的空气，再将两面皮边捏在一起。

搓揉面团使其有所伸展，并塑造成条形。

将面包条置于烤盘上，注意相互之间有足够的距离。

9

将装有面包条的烤盘置于无空气流动的温湿环境中发面30分钟，使面团体积翻倍。

5

上光

5 分钟

+ 上光 10分钟   + 静置 10分钟

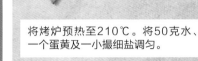

将烤炉预热至210℃。将50克水、一个蛋黄及一小撮细盐调匀。

厨艺大师秘诀

为使面团在烘烤过程中定型，炉温应足够高，以确保牛奶面包保持应有的形状。而后要调低炉温，以免面包烤煳。

用刷子将蛋黄液刷在面包坯上，注意避免蛋黄液流到盘上。在室温下静置10分钟。

厨艺大师秘诀

如果蛋黄液流到盘上，就会凝固在烤盘上，从而影响面包正常膨胀。

待第一层蛋黄液干后，再涂上第二层，之后将烤盘送入烤炉，炉温调低到180℃，烘烤10~15分钟。

为得到均匀的面包颜色，用铲子将四分之三面包铲松。

厨艺大师秘诀

通常，烤炉内热量分布不会均匀。烤制过程中，将烤盘中前后的面包调转位置，以使面包颜色和烤制程度均匀。

乡村面包

45分钟　操作时间　+　35分钟　烘烤时间　+　4小时 55分钟　静置时间　=　6小时 15分钟　总用时　★ 难度

15克面包酵母　　　　800克55号面粉　　　　细盐

500克水　　　　150克黑麦粉

24

24小时前
制作酵头并冷藏。

→ **留少量生面团**

用作下次制作时面团的发酵剂。

无黑麦粉面包

用小麦面粉替代黑麦粉。

熏肉面包

第一次发面后在面团中加入煎熟的熏肉。

配方变化

白面包
▶ 只用55号面粉制备。

籽仁面包
▶ 加入南瓜籽、亚麻籽和葵花粉。

1

制作波兰面团

5
分钟

+ 静置 2 小时

准备250克35~40℃的温水。

在搅打盆中，用温水将10克面包酵母和250克面粉混合。

用面布盖住搅打盆。

使混合物在无流动空气环境下发酵约2小时。

厨艺大师秘诀

为使面团膨胀两倍，要制备波兰面团。因此，制备物中央会略有塌陷。

2

搅打面料

15
分钟

+ 静置 10分钟

在预发酵面料中加5克面包酵母。

加入450克面粉、100克黑麦粉和250克水，然后慢速搅打约2分钟。

逐渐提高速度，并持续搅打5分钟，充分将面团搅打均匀。

加入15克细盐，再搅打5分钟。最后得到均匀、光滑并具有弹性的面团。

3

第一次发面

2
分钟

+ 静置 1小时

在案板上撒些面粉。将面团置于案板中央搓揉，最后将面团搓成圆球状。

再将面团放到搅打盆中，用塑料膜罩上，发面约1小时。发过的面团体积应翻倍。

4

分割整形

10
分钟

将面团倒在撒有面粉的案板上，搓揉面团赶出气体。

将面团一分为二，做成球形或长条形。

5

第二次发面

5
分钟

+ 静置 1小时45分钟

将面团放置在烤盘中，于无流动空气条件下静置。

发面1小时30分钟到2小时，尽可能在25~30℃条件下发面。

6

面团切割

5
分钟

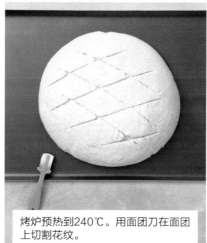

烤炉预热到240℃。用面团刀在面团上切割花纹。

7

烘烤乡村面包

3
分钟

+ 烘烤 35分钟

在面团上撒上一些黑麦粉。

铲松面团，然后烤30~40分钟。

烘烤结束后，将面包置于栅架或冷却板上。

谷物面包

操作时间	烘烤时间	静置时间	总用时	难度
45分钟	35分钟	2小时30分钟	3小时50分钟	★

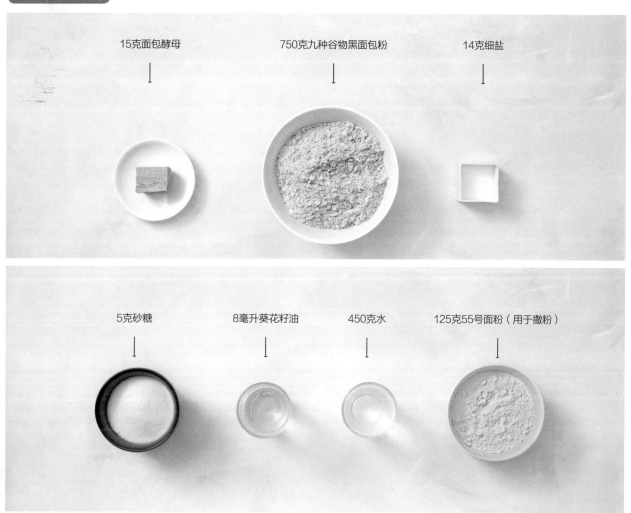

15克面包酵母　　　750克九种谷物黑面包粉　　　14克细盐

5克砂糖　　　8毫升葵花籽油　　　450克水　　　125克55号面粉（用于撒粉）

24小时前

根据需要，制作酵头。

→ 留几块生面团

用作下次制作时面团的发酵剂。

非葵花籽油面包

用较香的芝麻油替代葵花籽油。

酥蕾面包

在面团中加干番茄丁。

配方变化

芝麻面包

▶ 用55号面粉替代九种谷物粉，并加50克白芝麻和30克黑芝麻。

天然酵母面包

▶ 头天晚上制作天然酵母面团。

1

制作面团

（15 分钟）

在搅打盆中把15克酵母溶于450克温水中。

加入750克谷物粉、14克盐、5克糖和4毫升葵花籽油。搅打5~10分钟。

厨艺大师秘诀

用钩形搅打头，开始时搅打速度要慢些，以免将面粉打到盆外。

2

第一次发面

（5 分钟）

+ 静置 1小时

在案板上撒些面粉，然后揉捏面团。

将面团搓成球状，置于大色拉盆中，用面布盖上。

发面约1小时。

厨艺大师秘诀

发酵过程中，面团体积应增加一倍。

3

分割面团

5
分钟

将面团转移到撒有面粉的案板上。

将面团用刀切成大小相等的两块。

厨艺大师秘诀

重量相同的面团可确保在同样条件下烘烤出大小一致的面包。

4

整形

10
分钟

在撒有面粉的案板上拍打面团。

把面团搓揉成球状。

将两个面团擀成烧饼厚薄的椭圆形。

将面饼长边朝中央折叠，用手指将两面皮边捏合在一起。

滚揉面团，沿两端将面团拉长至模具长度。

5

第二次发面

5 分钟

+ 静置 1小时30分钟

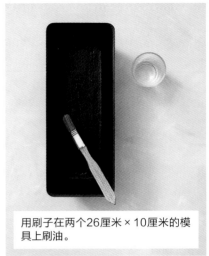

用刷子在两个26厘米×10厘米的模具上刷油。

将面团放入模具，置于无流动空气环境下。

在25~30℃温度下发面1小时30分钟。待面团体积增大一倍时，用刀在面团上切口。

6

烘烤

5 分钟

+ 烘烤 35分钟

烤炉预热至240℃。将面团置于高温炉内烘烤30~40分钟。

烘烤结束后，面包脱模，置于栅架上冷却。

厨艺大师秘诀

面最好用四只干酪蛋糕模，并置于烤箱格栅上烤。

黑麦面包

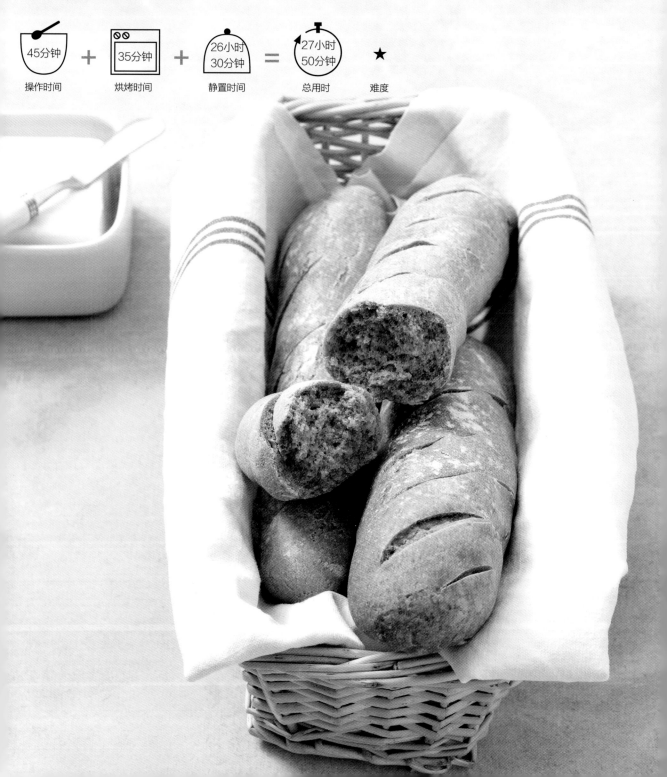

45分钟　操作时间

35分钟　烘烤时间

26小时30分钟　静置时间

27小时50分钟　总用时

★　难度

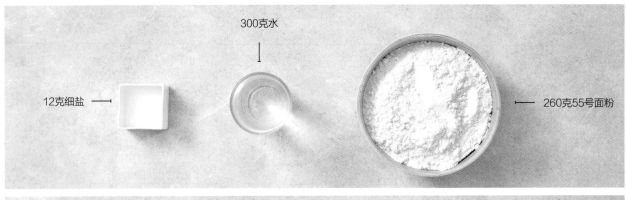

300克水

12克细盐 ←

← 260克55号面粉

550克黑麦面粉 ←

← 20克面包酵母

← 160克上次留下的
发酵生面团

24小时前
将配料取出置于室温下。

如无发酵面团
改用天然发酵面团，即直接发面产生发酵
活力。

→ **留少量生面团**
用作下次制作时面团的发酵剂。

小面包
面团分割成45克以下的小面团，塑造成条
状，以使内部面包屑发脆。

配方变化

牡蛎面包
▶ 水中加100克牡蛎；这
种面包最好用于海鲜拼盘。

板栗面包
▶ 成型时在面团中加入
100克熟板栗碎片。

1

准备配料

（5 分钟）

+ 静置 1小时

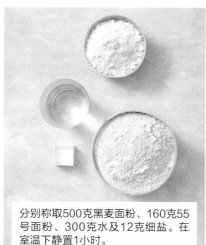

分别称取500克黑麦面粉、160克55号面粉、300克水及12克细盐。在室温下静置1小时。

2

搅打面团

（5 分钟）

将20克酵母、两种称好的面粉、160克酵头、称好的水及盐于搅打盆中混合。

黑麦只含少量面筋，搅打5分钟即可。

3

第一次发面

（5 分钟）

+ 静置 30分钟

将面团置于撒有面粉的案板上，搓成球状。

再将面团置于大号色拉盆中，并盖上合适的布或塑料膜。

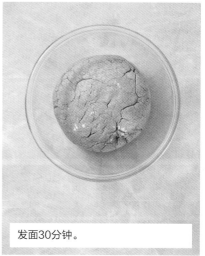

发面30分钟。

23

4

切割面团

(5 分钟)

将面团切成重量相等的4块。

5

整形

(15 分钟)

在案板上将面团揉实压平。

先将面团搓成圆球，再压成烧饼厚的椭圆状。

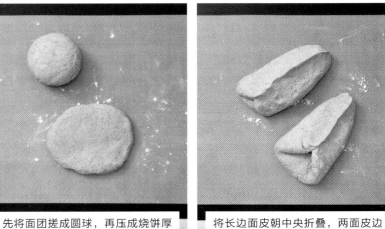

将长边面皮朝中央折叠，两面皮边捏在一起。

将面团搓圆，从中间开始，将面团拉成香肠状。

以同样方式制备余下的面团。

将面团置于撒过面粉的布上，并使面布起褶以便面团保持形状。

6

制作面团

5 分钟

+ 静置 1小时

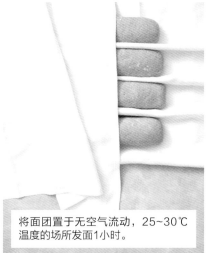

将面团置于无空气流动，25~30℃温度的场所发面1小时。

7

烘烤与冷却

5 分钟

+ 烘烤 35分钟　+ 静置 24 小时

烤箱预热至240℃。小心地将面团置于烤盘上。

用面刀在面团表面划出多条平行斜痕。

用小筛在面团上撒上一些黑麦面粉。

厨艺大师秘诀

————

为使颜色均匀，烘烤过程有必要调整烤盘的方向。

烘烤结束后，将面包置于格栅上冷却24小时后，即可食用。

厨艺大师秘诀

————

烤黑麦面包香气在出炉后几小时内形成。因此，建议最好一天后食用。

百吉饼

 1小时
10分钟
操作时间

+

 25分钟
烘烤时间

+

 2小时
15分钟
静置时间

=

 3小时
50分钟
总用时

 ★
难度

5克面包酵母　　700克55号面粉　　30克孜然　　3毫升葵花籽油

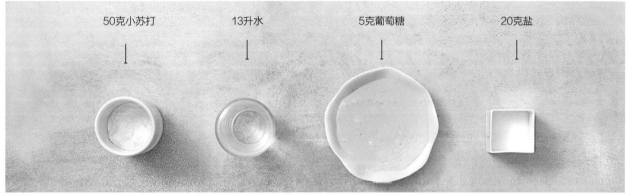

50克小苏打　　13升水　　5克葡萄糖　　20克盐

乳化物

1枚蛋清 ⟶　　　　　⟵ 5毫升牛奶

---

24 小时前

烫煮前，面团可先制好冷藏。

⟶ 余下的面团

可做成野餐用夹层的小百吉饼。

无葡萄糖百吉饼

用麦芽提取物替代葡萄糖。

花色百吉饼

可将百吉饼做成各种形状。重要的是要在进烤炉之前先烫煮。

配方变化

芝麻百吉饼

▶ 用芝麻取代孜然。

使用麦芽提取物的百吉饼

▶ 用麦芽提取物替代传统配方中的葡萄糖，但这种配料较难得到。

1

溶解酵母

（5 分钟）

将5克葡萄糖溶于300毫升温水中。

加入5克酵母，搅拌使其溶解。

2

搅打面团

（10 分钟）

取500克面粉和10克细盐，加入搅打盆，再加入已溶解的酵母。

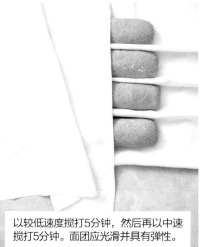

以较低速度搅打5分钟，然后再以中速搅打5分钟。面团应光滑并具有弹性。

3

第一次发面

（5 分钟）

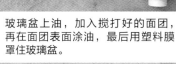
+ 静置 1小时30分钟

玻璃盆上油，加入搅打好的面团，再在面团表面涂油，最后用塑料膜罩住玻璃盆。

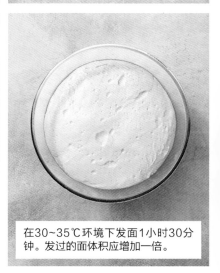

在30~35℃环境下发面1小时30分钟。发过的面体积应增加一倍。

4

整形和第二次发面

20 分钟

+ 静置 25分钟

在案板上撒些面粉，搓揉面团。

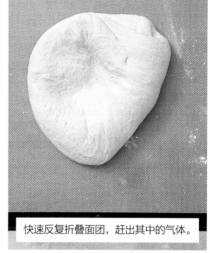

快速反复折叠面团，赶出其中的气体。

将面团分成15或16个小快，并搓成均匀的球状。

将小面球压平，置于另一块撒有面粉的板上。

将手指伸入小面饼中心，整形成一个圆环，用面布罩在百吉饼面团上，发面20~30分钟。

5

蒸煮

15 分钟

+ 蒸煮 10分钟

烤炉预热至220℃。在长柄平底锅中倒入1升热水。

加入5克盐及50克小苏打，加热至沸。

将若干百吉饼面团放入微沸的水中保持1分钟，面团先沉底，而后会浮在水面上。

将干百吉饼面团翻一次面，再煮1分钟，用漏勺将面团捞起，放于厨布上沥干水。

其余百吉饼面团重复以上操作。

6

上光

10 分钟

将百吉饼面团排列在放好烘焙纸的烤盘中。

将1个蛋清与5毫升牛奶混合。

用刷子蘸取牛奶蛋清混合液对面团上光，再在表面撒上孜然粒。

7

烘烤

5 分钟

+ 烘烤 15分钟　　+ 静置 20分钟

将百吉饼烤盘置于烤炉烘烤15分钟，然后置于格栅上至少冷却20分钟。

30

面包条

● **饮料搭配** 基安蒂/金巴利

40分钟	+	15分钟	+	2小时 35分钟	=	3小时 30分钟	★
操作时间		烘烤时间		静置时间		总用时	难度

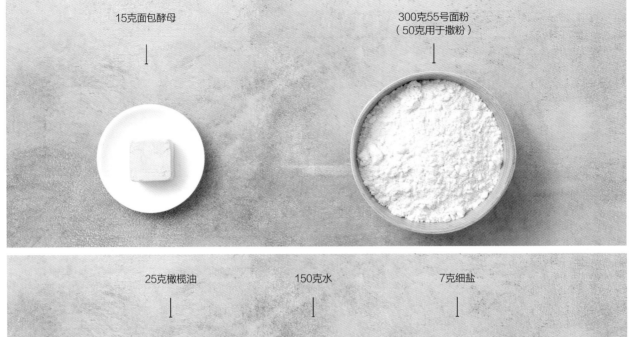

15克面包酵母

300克55号面粉
（50克用于撒粉）

25克橄榄油

150克水

7克细盐

24

24小时前

配方中所有配料于室温下恒温。

→ **余下的面包条**

碾成面包屑，与巴马臣奶酪混合，在米兰饭中用作扇贝鲜味料。

如无橄榄油

选用其他油替代橄榄油，但无橄榄香味。

火腿面包条

用火腿卷面包条食用。

小面包

面团分割成45克以下的小面团，塑造成条状，以使内部面包屑发脆。

配方变化

芝麻面包条
▶ 面包条滚裹白芝麻。

旧式面包条
▶ 将面包条塑造成较粗的形状。

1

溶解酵母

（2 分钟）

+ 静置 15分钟

取15克酵母用150克室温水溶于搅打盆。静置15分钟。

2

搅打面团／第一次发面

（10 分钟）

加入25克橄榄油，250克面粉和7克盐。搅打10分钟，得到具有弹性的面团。

将面团放入大色拉盆，然后用塑料膜或适当面布将盆罩住。

在30℃左右温度下发面1小时30分钟。发好的面体积应增大一倍。

3

揉面

（2 分钟）

+ 静置 1小时30分钟

将面团倒出置于撒有面粉的案板上。

33

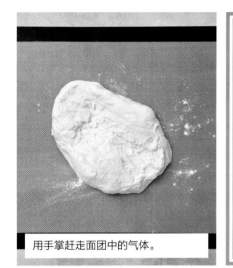

用手掌赶走面团中的气体。

4

压面团

5
分钟

用擀面杖将面团整形为20厘米×10厘米的长方形。

5

面团切条

5
分钟

用长刀将面团块切成20条左右宽约1厘米的细条。

6

整形／面包条装饰

10
分钟

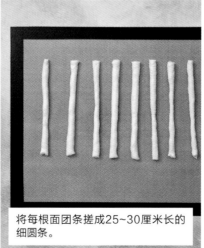

将每根面团条搓成25~30厘米长的细圆条。

面团条在盛有芝麻、罂粟籽、普罗旺斯香草、牛至或海盐的盘中滚沾。

7

面包条醒发

3
分钟

+ 静置 20分钟

将面团条排列于烤盘上，注意条与条之间留有足够的空间。

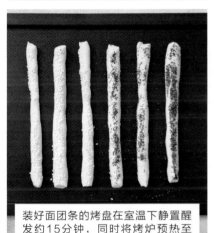

装好面团条的烤盘在室温下静置醒发约15分钟，同时将烤炉预热至200℃。

8

烘烤

1
分钟

+ 烘烤 15分钟

将烤盘送入烤炉，烘烤约15分钟至面包条颜色恰当。

厨艺大师秘诀

为面包条颜色均匀，烘烤中间应调转烤盘方向。

9

冷却

2
分钟

+ 静置 30分钟

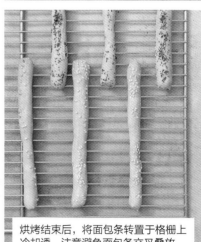

烘烤结束后，将面包条转置于格栅上冷却透，注意避免面包条交叉叠放。

汉堡面包

● **搭配饮料** 啤酒/可乐

45分钟	+	10分钟	+	2小时 30分钟	=	3小时 25分钟	★
操作时间		烘烤时间		静置时间		总用时	难度

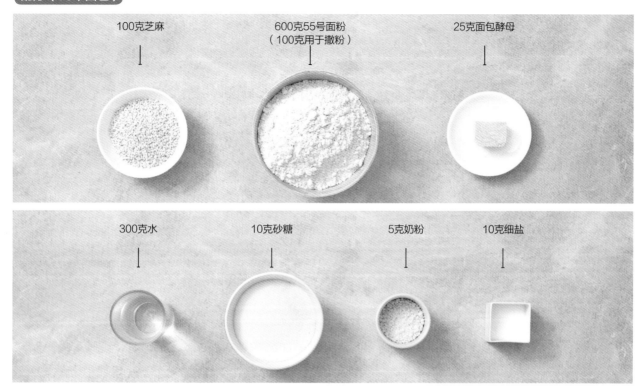

100克芝麻

600克55号面粉
（100克用于撒粉）

25克面包酵母

300克水

10克砂糖

5克奶粉

10克细盐

乳化物

25克黄油 ◀——

——▶ 1个鸡蛋

24小时前

24

所有干配料于室温下恒温。

均匀形状

烤前用圈模成型，以得到均匀的面包形状。如没有圈模，可用铝箔纸折叠 3~4次成为加强长条，再做成圈模。

如无奶粉

用 1 汤匙炼乳替代奶粉。

小夹心用面包

面团用硅胶松饼膜具压模成型。

配方变化

乡村夹心用面包

▶ 乡村面包用面粉替代44% 55号面粉。

谷物夹心用面包

▶ 用谷物片替代芝麻。

1

搅打面团

15 分钟

+ 静置 1小时

取25克黄油，使其温热熔化。

在搅打盆中加入300克温水，溶化25克酵母。

加入500克高筋白面粉、10克糖、5克奶粉、1个鸡蛋、熔化的黄油，最后加入10克盐。

中速搅打约5分钟，得到光亮且具有弹性的面团。

2

第一次发面

5 分钟

+ 静置 1小时

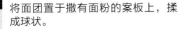

将面团置于撒有面粉的案板上，揉成球状。

再将面团放回搅打盆，并用面布罩上。

在32℃温度下发面1小时，发面后面团体积应增大一倍。

3

面团搓成球状

⏱ 10 分钟

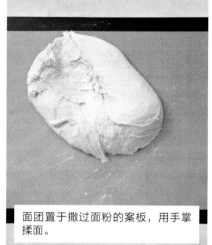

面团置于撒过面粉的案板，用手掌揉面。

将面团分成16块重量约60克的小面团。

在案板上将小面团搓圆揉结实。

4

整形 / 二次发面

⏱ 10 分钟

+ 静置 1小时

将面球排列在铺有烘焙纸的烤盘上，注意面球间留出足够空间。

用刷子在面球上刷水使其潮润。

用碗装100g芝麻。

将芝麻撒到面团潮湿的外皮上，用手小心拍按使其形成芝麻外皮。

用手掌将小面球均匀压平。

厨艺大师秘诀

为制成均匀的面包，用于成型的圈模事先要上油。

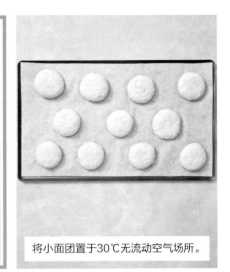

将小面团置于30℃无流动空气场所。

小面团发面1小时，期间不时喷水雾，以免面团结硬皮。

烤炉预热到210℃。

烤炉调温挡与对应温度

5

烘烤

5
分钟

+ 烘烤 10分钟   + 静置 30分钟

小面团放入烤炉，同时将温度调节至170℃，烘烤10~15分钟。

厨艺大师秘诀

为使面包具有均匀颜色，必要时，烘烤过程中应调转烤盘方向。

将面包从烤炉取出，置于格栅上冷却30分钟。

香草面包

● **搭配饮料** 红葡萄酒/柠檬汽水

35分钟	+	25分钟	+	3小时40分钟	=	4小时40分钟	★
操作时间		烘烤时间		静置时间		总用时	难度

10克细盐　　　　　600克55号面粉　　　　　20克面包酵母

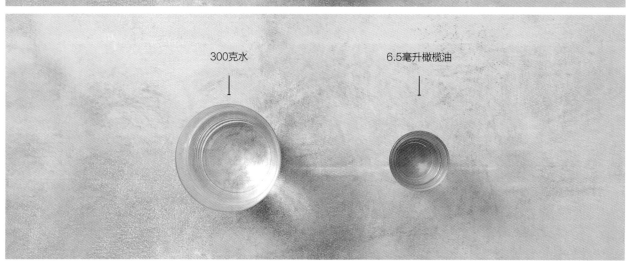

300克水　　　　　　6.5毫升橄榄油

24

24小时前

取出所有干配料于室温下恒温。

→ **用面团边角料**

做成假开胃面包。

如无 55 号面粉

改用普通面粉，得到的面包较软。

糙感面包

用栗子粉替代20%55号面粉。

配方变化

鳗鱼面包

▶ 添加鳗鱼、橄榄碎片和麝香草。

奶酪和肥肉丁面包

▶ 添加煸过的肥猪肉丁和奶酪丝（三分之二格鲁耶尔奶酪，三分之一帕尔玛奶酪）。

1

搅打面团

10 分钟

+ 静置 10分钟

将20克酵母投入搅打盆。

加入300克温水搅拌，溶解酵母。

加入1.5毫升橄榄油，500克55号面粉，最后再加10克盐。

低速搅打约2分钟。

稍提高速度搅打约8分钟，使面团结实。

厨艺大师秘诀

均匀的面团表面应光滑并具有弹性。

2

第一次发面

5 分钟

+ 静置 2小时

将面团置于撒有面粉的案板上，将其搓揉成球状。

43

大色拉盆抹油，倒入面团，用面布罩住。

在室温下发面2小时，使面团体积翻倍。

3

揉面并分割面团

5
分钟

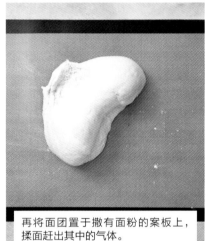

再将面团置于撒有面粉的案板上，揉面赶出其中的气体。

将面团一分为二。

4

制作奶酪面包

10
分钟

在案板上将两个面团搓成球状。

用擀面杖将一个面团滚压成烧饼厚薄的椭圆状。

重复操作，擀压第二个面团，制成两个奶酪面包面团饼。

5

第一次发面

2 分钟

+ 静置 1小时

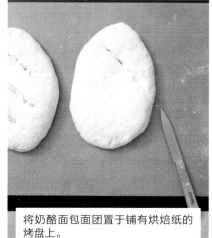

将奶酪面包面团置于铺有烘焙纸的烤盘上。

用利刀在每块面团上斜向划出三道口子。

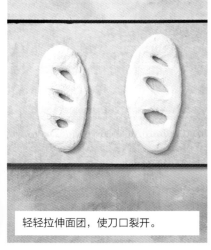

轻轻拉伸面团,使刀口裂开。

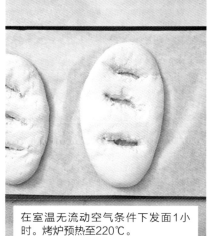

在室温无流动空气条件下发面1小时。烤炉预热至220℃。

6

烘烤

3 分钟

+ 烘烤 25分钟   + 静置 30分钟

用刷子在面团上刷油。

将烤盘送入烤炉烘烤25~30分钟至颜色恰当为止。

烘烤结束后,取出面包置于格栅冷却30分钟。

椒盐脆饼

● **搭配饮料** 啤酒//雷司令葡萄酒

 1小时
操作时间

\+

 25分钟
烘烤时间

\+

 50分钟
静置时间

\=

 2小时
15分钟
总用时

 ★
难度

22克细盐　　　500克55号面粉　　　50克粗盐

50克小苏打　　　20克面包酵母　　　2.15升水

乳化物

40克黄油　　　15毫升牛奶

24小时前

制备面团，并贮存于冷藏室直到取出膨化。

→ **余下的面团**

做成开胃小脆饼。

不用小苏打

改用泡打粉。

花色饼

可根据喜好做成其他形状，关键是需要考虑在烘烤以前膨化。

配方变化

芝麻饼

▶ 在生面团中加入烤熟的芝麻，然后烘烤面坯。

紫菜饼

▶ 在面团中加50克紫菜，不加盐。

1

溶解酵母

10 分钟

加热熔化40克黄油，冷却至室温。

15毫升牛奶与15毫升水混合，稍加热。

将20克酵母捏碎后加入搅打盆，再用少量以上奶水混合物溶解。

加入余下的奶水混合物，然后加入完全熔化的黄油。

2

搅打和发面

10 分钟

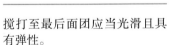

+ 静置 30分钟

加入500克面粉，最后加入12克细盐。

先低速搅打5分钟，再以中速搅打5分钟。

厨艺大师秘诀

搅打至最后面团应当光滑且具有弹性。

用面布罩住搅打盆，在30~35℃温度下静置30分钟。

3

整形

20
分钟

将面团置于撒有面粉的案板上。

将面团分成三等份。

每个面团沿四周朝内揉捏。

将面团搓成香肠状，略压平。

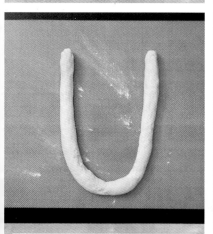

将面团条弯成马蹄状。

两边面团条在中间交叉相叠成结。

两面条端再绕一圈。

将扭结两端翻向面团环，再将面团条两端按压在面团环上。

如此重复完成其他面坯成型。烤炉预热至200℃。

4

膨化和烘烤

20 分钟

+ 烘烤 25分钟　　+ 静置 20分钟

在足够深和大的容器中，加入2升水，10克盐和50克小苏打，加热至沸。

将容器从灶上取下，将面坯投入热溶液中约1分钟。

用漏勺将脆饼面坯取出，置于铺有烘烤纸的烤盘中。

以同样方式对余下的两个面坯作膨化处理。膨化后，面坯外表略有粗糙感。

将粗盐撒到面坯上。将烤盘送入烤炉烘烤15~20分钟。

烘烤结束，将脆饼取出置格栅上至少冷却20分钟。

油炸猫耳朵

● **搭配饮料** 琥珀啤酒//香草奶昔

1小时 10分钟	+	15分钟	+	4小时 45分钟	=	6小时 10分钟	★
操作时间		烘烤时间		静置时间		总用时	难度

5克细盐　　　300克45号面粉　　　煎炸油

125克砂糖　　　2包香草糖　　　10克面包酵母

乳化物

3个鸡蛋　　　75克黄油

24小时前
所有干配料于室温下恒温。

→ 多余的面团

将余下的未烘烤的猫耳朵冷冻，食用前几分钟，用油炸熟。

如无高筋白面粉

改用普通面粉。

如果喜欢肉桂味

油炸后在猫耳朵上撒上一些肉桂粉。

配方变化

橙香猫耳朵

▶ 面团中加几滴橙子香精，以赋予猫耳朵柔和感。

猫耳朵配焦糖

▶ 猫耳朵与小颗咸奶油焦糖一起食用。

1

准制配料

⏱ 5 分钟

+ 静置 1小时

分别称取配料，然后在室温下静置1小时。

2

搅打面团

⏱ 15 分钟

将3个鸡蛋打在搅打盆中。加入25克糖及5克盐，用叉子将它们混合。

在混合物中加入10克酵母，使其溶化。加入250克面粉。

用钩形搅打器，先以低速搅打面团5分钟，避免面粉搅到盆外。

再以中速搅打面团5分钟，并逐步加入75克软化黄油。搅打好的面团外表应光滑。

3

第一次发面

⏱ 5 分钟

+ 静置 2小时30分钟

将面团转入大色拉盆中，用塑料膜将盆罩住。

面团静置发面约1小时，然后转入冷藏室静置1小时30分钟使其坚固。

4

制作猫耳朵面坯

25
分钟

将面团置于撒有面粉的案板上，用手掌揉面。

将面团压成大小18厘米×24厘米、厚约3毫米的面皮。

用大面刀将面皮切成三条宽约6厘米、长度为24厘米的面带。

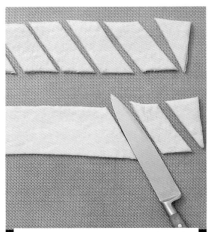

将三条面带切成宽约4厘米的斜角面片。

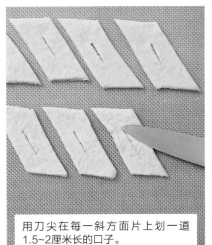

用刀尖在每一斜方面片上划一道1.5~2厘米长的口子。

轻轻拉伸面片，并使一端面皮尖角穿过槽孔。

将猫耳朵面坯排列在铺有烘烤纸的烤盘中。

5

第二次发面

(5 分钟)

+ 静置 1小时15分钟

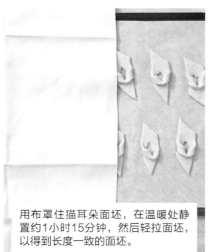

用布罩住猫耳朵面坯，在温暖处静置约1小时15分钟，然后轻拉面坯，以得到长度一致的面坯。

临近发面结束前几分钟时，将油炸槽预热到180℃。

6

油炸／裹糖粉

(15 分钟)

+ 油炸 15分钟

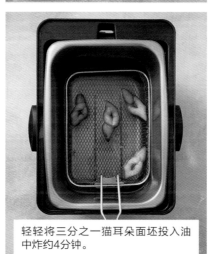

轻轻将三分之一猫耳朵面坯投入油中炸约4分钟。

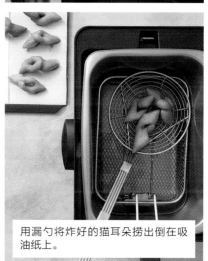

用漏勺将炸好的猫耳朵捞出倒在吸油纸上。

分两批油炸余下的猫耳朵面坯。

用容器将100克糖与两包香草糖混合。

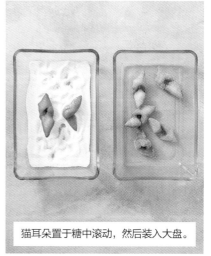

猫耳朵置于糖中滚动，然后装入大盘。

珍珠糖粒小泡芙

● **搭配饮料** 卢瓦尔起泡酒//果汁

50分钟 操作时间 + 20分钟 烘烤时间 = 1小时 10分钟 总用时 ★ 难度

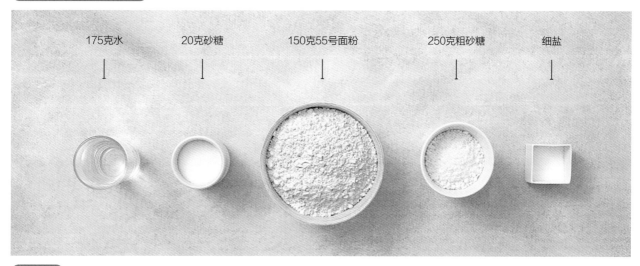

175克水	20克砂糖	150克55号面粉	250克粗砂糖	细盐

乳化物

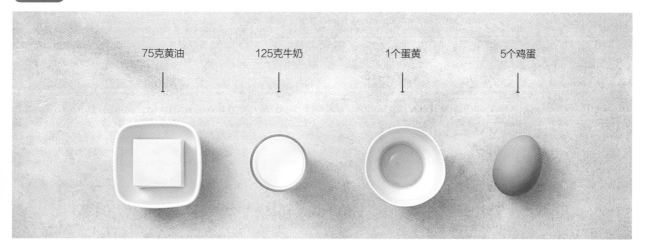

75克黄油	125克牛奶	1个蛋黄	5个鸡蛋

24小时前

面团制作到加入最后一个鸡蛋为止，将最后一个鸡蛋打在面团表面，再用塑料膜罩住，以免面团失水。然后静置到第二天，混合，面团制备就绪。

如无粗砂糖

改用碎榛子。

如喜爱香草味

在面团中加些香草籽。

→ **余下的干珍珠糖粒小泡芙**

切成两半，加入一冰淇淋球，再盖浇巧克力酱，做成冰冻泡芙。

配方变化

咸味小泡芙

▶ 面团内部和表面用巴马奶酪替代糖。

迷你泡芙

▶ 将泡芙做成榛子大小，并根据配方将烹饪时间缩短到不超过10分钟。堆成金字塔状，适合与鸡尾酒搭配吃。

1

制作面糊

⏲ **20 分钟**

+ 烹饪 5分钟

在长柄锅中加入125克牛奶、125克水、5克盐、20克糖和75克黄油丁，混合。

微火加热。待黄油熔化后，加大火将混合物煮沸。

厨艺大师秘诀

加入长柄锅前将黄油切成丁，可确保加热煮沸熔化时混合物各部有相同比例的黄油。

将长柄锅从灶上移开，一次加入150克高筋白面粉。

用抹刀使劲搅动以形成光滑、均匀的面糊。

用微火烫锅使面糊脱水形成球状。

将面糊倒入色拉盆中，并依次打入4个鸡蛋。

厨艺大师秘诀

开始时，用抹刀将面糊摊开以便使鸡蛋很好地加入到其中，随后再利用大块面体恰当地将蛋混合起来。

将最后一个鸡蛋搅打进水分控制恰当的面糊中。（见右侧制作要点）

厨艺大师秘诀

加入全部或最后鸡蛋前须注意面糊的质地，其质地应当均匀具类似糊状，不应太稀，也不应太干。

用抹刀检查面糊是否可起喙或起钩。如果是，则停止加蛋。

2

泡芙挤注成型

10 分钟

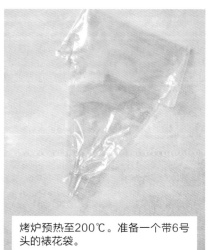

烤炉预热至200℃。准备一个带6号头的裱花袋。

将热面糊装入袋中。

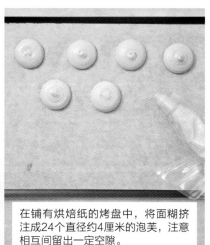

在铺有烘焙纸的烤盘中，将面糊挤注成24个直径约4厘米的泡芙，注意相互间留出一定空隙。

3

上蛋黄液并整理泡芙

15 分钟

制作上光料：将一个蛋黄与50克水和一小撮盐混合起来。

用刷子在泡芙上刷一层上光料液。

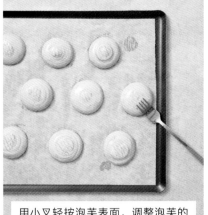

用小叉轻按泡芙表面，调整泡芙的形状。

在泡芙上均匀撒上粗砂糖。拣出掉在纸上的糖粒，以免其烘烤时焦化。

4

烘烤

⑤
分钟

+ 烘烤 15分钟

将装有泡芙坯的烤盘送入烤炉，并即将炉温调至160℃。

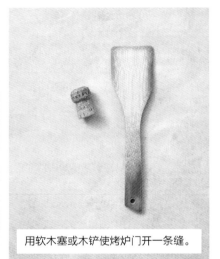

用软木塞或木铲使烤炉门开一条缝。

厨艺大师秘诀

烘烤过程炉门半开可使产生的湿雾外逸，并得到颜色和形状整齐的泡芙。

烘烤15~20分钟，直至小泡芙呈金黄色。

烘烤结束后将泡芙转至格栅上冷却后即可食用。

松饼

- **搭配饮料** 茶或牛奶//苹果酒

40分钟	+	40分钟	+	2小时	=	3小时20分钟	★
操作时间		烘烤时间		静置时间		总用时	难度

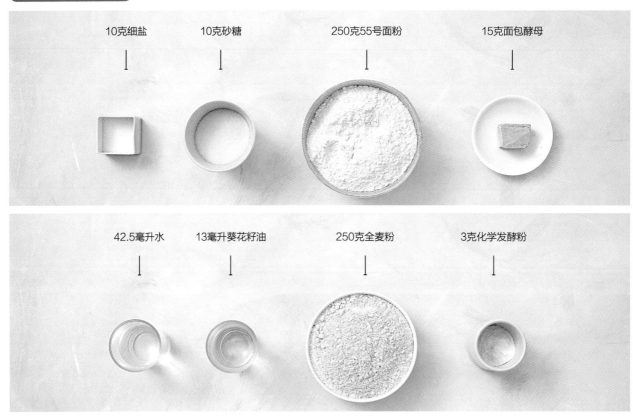

10克细盐　　10克砂糖　　250克55号面粉　　15克面包酵母

42.5毫升水　　13毫升葵花籽油　　250克全麦粉　　3克化学发酵粉

乳化物

30毫升牛奶

小松饼

小松饼用小圈模成型，当假汉堡配餐很棒。

→ 多余的松饼

切成薄片焙烤后，搭配冷鱼食用。

如要改变口味　用橙汁替代面团中的水。

如无葵花籽油

改用葡萄籽油，或者就用家庭烹饪油，天然发酵面团，即直接发面产生发酵活力，注意油味太重。

配方变化

米粉松饼
▶ 50%全麦粉用米粉替代。

红糖松饼
▶ 用红糖替换砂糖。

1

制作面团

10
分钟

将250克全麦粉、250克55号面粉、10克盐和10克糖用在色拉盆中混合。

在混合物中央挖一个坑。

有长柄锅将30毫升牛奶与30毫升水混合，并加热至温热。

厨艺大师秘诀

面团的热量可加快发面作用。

在面粉坑中加入15克面包酵母。

在酵母上浇一些温热液体。

将余下的液体倒入面粉坑。

用抹刀逐渐将液体混合到混合粉中，以获得均匀面糊。

2

第一次发面

⏱ **5** 分钟

+ 静置 1小时30分钟

将3毫升油倒在面糊上，然后用刷子在面上抹匀。

将色拉盆用面布罩上，于适宜温度下静置约1小时30分钟。

3

整理／第二次发面

⏱ **5** 分钟

+ 静置 30分钟

用12.5毫升温水溶解3克面包酵母。

将溶有酵母的液体倒入面糊中。

用面布盖住色拉盆，再发酵30分钟。

4

烘烤

20 分钟

+ 烘烤 40分钟

用刷子往直径7~8cm，高度4~5cm的圈模内刷油。

将上过油的平底锅用文火加热。将圈模放摆入平底锅。

厨艺大师秘诀

火力大小应使松饼着色，又使其得到焙烤。

用勺子将面糊浇入圈模至1.5~2cm处。

厨艺大师秘诀

如果面糊太少，松饼会太干；如果面糊过多，松饼会在烤熟前变色。

平底锅在火上烤5~6分钟。待面糊充分凝固，取走圈模。

松饼翻身，再用文火烤2~3分钟。

重复操作将所有面糊烤成松饼。将松饼置于格栅上逐渐冷却。

司康饼

● **搭配饮料** 伯爵茶//甜苹果酒

25分钟	+	5分钟	+	15分钟	=	45分钟	★
操作时间		烘烤时间		静置时间		总用时	难度

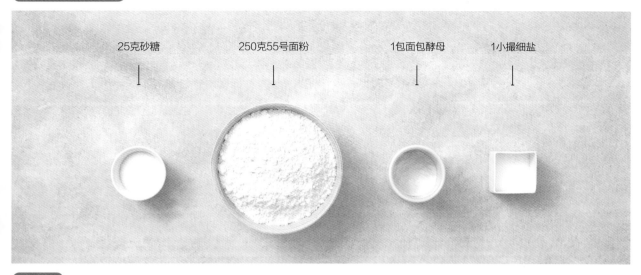

25克砂糖 | 250克55号面粉 | 1包面包酵母 | 1小撮细盐

乳化物

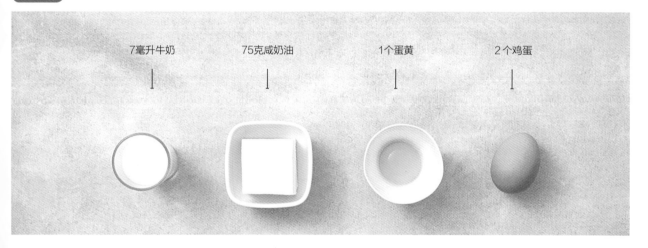

7毫升牛奶 | 75克咸奶油 | 1个蛋黄 | 2个鸡蛋

迷你司康饼

以杏干泥做馅的小司康饼（注意调整烹饪时间），可与蓝奶酪搭配食用。

→ 多余的司康饼

硬烤饼添加一些杏仁粉和黄油用食品加工机处理，也可用快速粉碎机处理。

如无咸奶油

改用一般甜黄油，但一开始在配料中加盐（每100克咸奶油约含2克盐）。

食用方法

保存于密封盒中，食用前再加热一下。

配方变化

巧克力司康饼

▶ 最后在生面团中加一些碎巧克力。

热带果味司康饼

▶ 在面团中加些香草及和切成小方块的热带水果蜜饯。

1

干配料混合

2
分钟

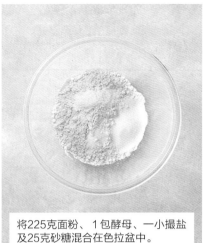

将225克面粉、1包酵母、一小撮盐及25克砂糖混合在色拉盆中。

2

揉入奶油

3
分钟

用手指将75克咸奶油捏烂。

将奶油与面粉稍加混合，得到类似面包屑状的混合物。

厨艺大师秘诀

为使产品获得理想的质地，面团应具有粗砂般质地。

3

完善面团

3
分钟

厨艺大师秘诀

应使面团粗糙，仅有黏性即可。如果混合过分均匀，最后得到的产品更像饼干而不像司康饼。

在以上混合物中加入2个鸡蛋和5毫升牛奶，稍加混合。

4

铺展面团

5
分钟

烤炉预热到180℃。案板上撒面粉。

在案板上用手将面体按压成1.5~2厘米厚的长方块。

厨艺大师秘诀

长方块面团厚度应均匀，以使司康饼整体得到良好烘烤。

5

切割司康饼坯

2
分钟

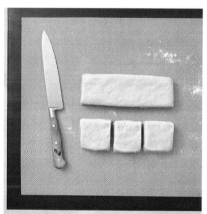

用面刀将面坯沿长度方向切成两半，再将两条面坯三等份切割。

将切好的司康饼坯摆放到铺有烘焙纸的烤盘中。

6

司康饼坯上蛋黄液

5
分钟

+ 静置 5分钟

将一个蛋黄与一汤勺牛奶在小碗中搅打混合均匀。

用刷子将混合液刷在司康饼坯表面。

隔5分钟后，再在司康饼坯表面刷第二遍混合液。

7

烘烤

2 分钟

+ 烘烤 5分钟

将烤盘放入烤炉烤5~10分钟，得到颜色恰当的产品。

8

静置降温

3 分钟

+ 静置 10分钟

将尚软而湿的司康饼从烤炉取出，静置5分钟，注意别触碰它们。

厨艺大师秘诀

烘烤结束时的司康饼颜色完美但质地尚软。为能够将其完好地转移到格栅，必须让其烤盘上冷却一会硬化。

将司康饼转移到格栅静置5分钟，趁热食用。

厨艺大师秘诀

司康饼可与果酱和黄油搭配食用。将饼打开，抹上少许黄油。黄油融化后会渗入司康饼，然后添加果酱，也可用重奶油代替黄油。

咕咕洛夫面包

● **搭配饮料** 马斯喀特//杏汁

40分钟	+	30分钟	+	4小时 15分钟	=	5小时 25分钟	★
操作时间		烘烤时间		静置时间		总用时	难度

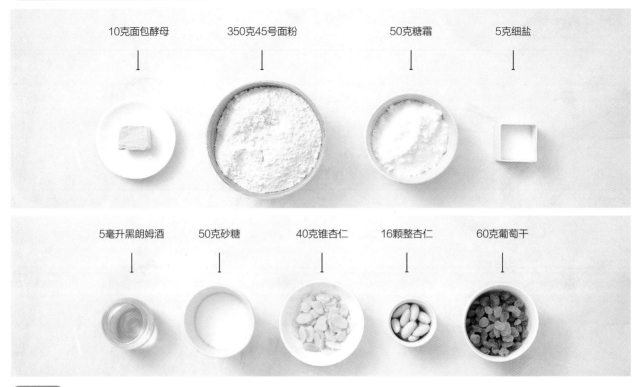

10克面包酵母　　350克45号面粉　　50克糖霜　　5克细盐

5毫升黑朗姆酒　　50克砂糖　　40克锥杏仁　　16颗整杏仁　　60克葡萄干

乳化物

15克牛奶　　125克黄油　　1个鸡蛋

24小时前

葡萄干用酒泡。

→ 余下的水果

做成果脯，当茶食。

如无朗姆酒

改用白兰地酒。

朗姆巴巴

让咕咕洛夫晾干数日，切成片后蘸朗姆酒糖浆食用。

配方变化

杏干咕咕洛夫

▶ 用复水杏干替代葡萄干。

树轮咕咕洛夫

▶ 用树轮状沟槽成型（只浇一半），然后做圆圈状。

1

浸泡葡萄干

1 分钟

60克葡萄干用5毫升黑朗姆酒浸泡。如葡萄干太干，将浸泡物一起温热一下。

厨艺大师秘诀

如不希望咕咕洛夫有酒味，则用茶浸泡葡萄干。

2

搅打面团

15 分钟

在搅打盆中加入10克酵母和15毫升温牛奶，搅拌使酵母溶解。

加入300克面粉、5克盐、50克砂糖和1个鸡蛋。慢速搅打5~6分钟。

将75克黄油软化，切成丁加入到面糊中，搅打2~3分钟，使面糊均匀。

快速搅打2~3分钟，得到富有弹性、会结在搅打盆壁的面糊。

加入浸泡过的葡萄干，迅速混合。

3

第一次发面

5
分钟

+ 静置 1小时30分钟

在撒有面粉的案板上将面团揉成球状，然后放入色拉盆，再罩上面布。

将面团静置于30~35℃无流动空气的环境中发面。发过面的面团体积应增倍。

4

准备模具

10
分钟

将50克黄油软化成膏状，用刷子将其涂在直径20厘米的咕咕洛夫膜具内。

在模具底每一凹槽内放一颗整杏仁。

将碎杏仁撒在模具底。

5

第二次发面

5
分钟

+ 静置 1小时45分钟

将发面后的面团置于撒有面粉的案板上。

揉捏面团，赶出气体。

逐渐朝板中心将面团做成一圆球。

将面团球放入模具。

轻轻将面团球完好地朝模具壁按压。静置发面1小时30分钟到2小时。

6

烘烤

5
分钟

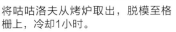

+ 烘烤 30分钟　　+ 静置 1小时

烤炉预热至170℃。待面团稍溢过模具口，转入烤炉烘烤30~35分钟。

烘烤结束前约5分钟，转动模具，以获得均匀的颜色。

将咕咕洛夫从烤炉取出，脱模至格栅上，冷却1小时。

用小筛将糖霜撒到咕咕洛夫表面。

英式松饼

● **搭配饮料** 热巧克力//茶

40分钟	+	15分钟	+	1小时 40分钟	=	2小时 35分钟	★
操作时间		烘烤时间		静置时间		总用时	难度

20克面包酵母　　　600克55号面粉　　　10克砂糖　　　10克细盐

乳化物

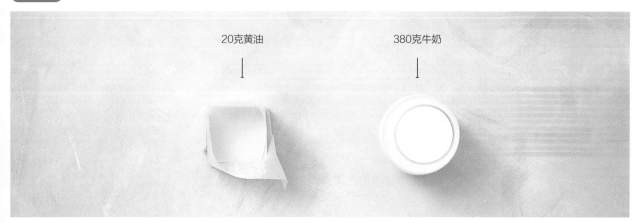

20克黄油　　　380克牛奶

24

24小时前
制作面团，然后冷藏。

→ **多余的松饼**
做成巧克力松饼布丁。

如无黄油
改用重量相同的葵花籽油。

咖啡松饼
在配方中加入速溶咖啡粉。

配方变化

牡蛎面包
▶ 水中加 100克牡蛎；这种面包最好用于海鲜拼盘。

板栗面包
▶ 成型时在面团中加入100克熟板栗碎片。

1

溶解酵母

5 分钟

文火熔化20克黄油，然后凉至温热。

在小长柄锅中倒入300克牛奶，然后移至文火加热使其温热。

在搅打盆中加入20克酵母及温热牛奶，搅动使酵母溶解。

加入10克糖，再加入熔化的黄油。

厨艺大师秘诀

牛奶温度应当可使酵母溶化，并使其具有较好的发酵力。

2

搅打面团

5 分钟

搅打盆中加入500克面粉，再加入10克细盐。

用钩形头搅打约5分钟。搅打成的面团应光亮、均匀，且具有弹性。

3

第一次发面

2 分钟

+ 静置 1小时

将面团置于撒有面粉的案板上面揉成球状。

再将面团球放回搅打盆，发面约1小时，得到的面团体积应增大一倍。

4

揉面

3 分钟

在案板上撒些面粉，面团置于板上，用手掌揉面，赶出面团中发酵产生的气体。

5

松饼整形

10 分钟

+ 静置 30分钟

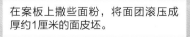

在案板上撒些面粉，将面团滚压成厚约1厘米的面皮坯。

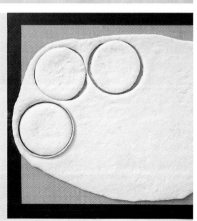

用饼模将面皮坯压出10个左右的圆片面坯。

将松饼坯摆放到铺有烘焙纸并撒有面粉的烤盘上。

厨艺大师秘诀

松饼坯间应留出足够空间，以免发面后相互接触。

将饼坯置于无空气流动，温度约33℃的环境下发面30分钟。

6

焙烤

15
分钟

+ 焙烤 15分钟　　+ 静置 10分钟

先用文火预热大号不沾平底锅，再将部分饼坯放入锅内。

厨艺大师秘诀

由于松饼的颜色在烤饼过程产生，所以应当用文火烤松饼。

每面饼焙烤3~4分钟，得到颜色恰当的松饼后，转置于格栅。

厨艺大师秘诀

英式松饼应当呈金黄色，并具有轻微嚼劲。

以同样方式焙烤剩下的松饼坯。

厨艺大师秘诀

松饼烤毕食用前，至少应当冷却10分钟。

香料面包

45分钟 操作时间 + 45分钟 烘烤时间 + 45分钟 静置时间 = 2小时15分钟 总用时 ★ 难度

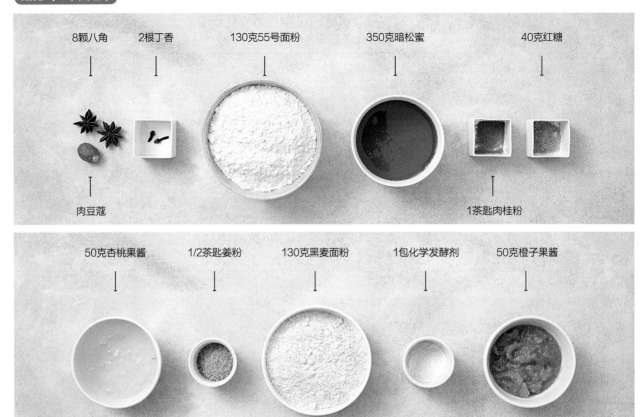

8颗八角　　2根丁香　　130克55号面粉　　350克暗松蜜　　40克红糖

肉豆蔻　　　　　　　　　　　　　　　　　　　　　　1茶匙肉桂粉

50克杏果酱　　1/2茶匙姜粉　　130克黑麦面粉　　1包化学发酵剂　　50克橙子果酱

乳化物

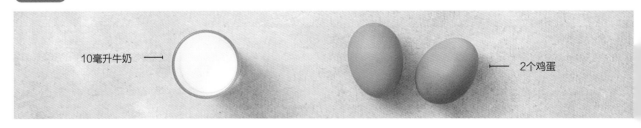

10毫升牛奶　　　　　　　　　　　　　　　　　　2个鸡蛋

24 24小时前

将香料分散于牛奶中，使其香气释放到牛奶中（如此可降低一半的香料用量）。

如无香料

用可与面粉混合的五香粉替代。

→ 多余的面团做成小面人。

香料面包长期贮存

将未浇面料的香料面包装在密封盒内冻藏。解冻后，用文火加热 2 分钟再浇在面料。

配方变化

坚果香料面包

► 面团中加榛子果仁和烤松子。

加香香料面包

► 在面团中添加香草、黄咖喱和香茅香精。

1

牛奶浸香料

5
分钟

+ 烧煮 2分钟　　+ 静置 10分钟

于小长柄锅中加入10毫升牛奶，煮至微沸。

关火，加入8颗八角、2根丁香以及一些肉豆蔻粉。静置10分钟使香料的香气浸入牛奶。

2

模具衬纸

5
分钟

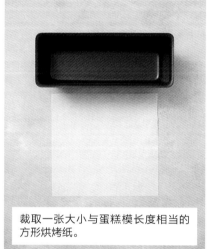

裁取一张大小与蛋糕模长度相当的方形烘烤纸。

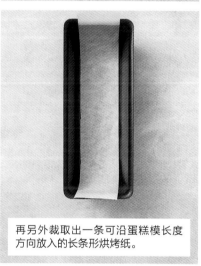

再另外裁取出一条可沿蛋糕模长度方向放入的长条形烘烤纸。

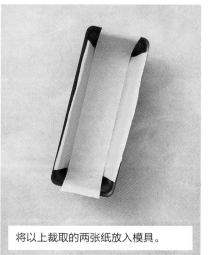

将以上裁取的两张纸放入模具。

3

暗松蜜加热

5
分钟

+ 烧煮 2分钟

将350克暗松蜜倒入一长柄锅，在文火加热至55~60℃。烤炉预热至170℃。

4

制作面团

15
分钟

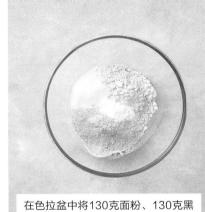

在色拉盆中将130克面粉、130克黑麦粉、1包发酵粉和40克糖混合在一起。

加入1茶匙肉桂粉及半茶匙姜粉。

加入预热的蜂蜜，并用抹刀混合。

加入2个鸡蛋，充分混合成均匀的混合物。

用小筛过滤热牛奶，加入色拉盆，然后混合成光滑的面糊。

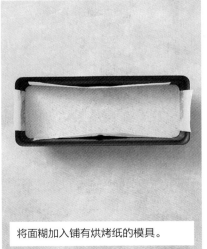

将面糊加入铺有烘烤纸的模具。

5

烘烤

5 分钟

+ 烘烤 40分钟 　 + 静置 35分钟

将模具送入烤炉，烘烤40~45分钟。

厨艺大师秘诀

可用刀插入香料面包检查烘烤程度。如果面包具有弹性，则已经烤好。否则需要延长烘烤几分钟。

模具从烤炉取出，待5~10分钟后，将香料面包转放到格栅上冷却30分钟。

6

上光

10 分钟

+ 蒸煮 1分钟

将杏桃果酱与橙子果酱混合。

如有必要在混合物中加些水，然后用文火加热。

用刷将上光料涂到香料面包表面，使其发亮。

厨艺大师秘诀

香料面包制备好后要等两天再食用。这段时间可使香气充分渗入面包。

维也纳长棍面包

● **搭配饮料** 热巧克力//维也纳咖啡

1小时	+	20分钟	+	9小时 40分钟	=	11小时	★★
操作时间		烘烤时间		静置时间		总用时	难度

配方（8个面包）

| 50克水 | 600克55号面粉 | 60克砂糖 | 20克面包酵母 | 细盐 |

乳化物

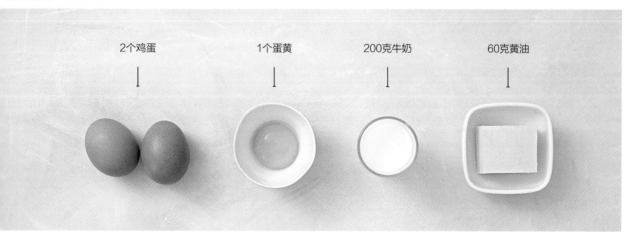

| 2个鸡蛋 | 1个蛋黄 | 200克牛奶 | 60克黄油 |

1 小时前

各种配料在室温下恒温。

→ **多余的长棍面包**

做成烤面包，非常美味！

如无上光料

全部改用牛奶制备。

重油维也纳长棍面包

在面包配方中增加10%黄油，但要注意，此时的面包具有奶油质感。

配方变化

巧克力维也纳长棍面包

▶ 在面团中加些巧克力。

如喜爱蔬菜

▶ 加入胡萝卜糊或甜菜粉，可得到富有情调的美味维也纳棍式面包。

1

制作面团

25 分钟

+ 静置 1小时

取出冷藏，称取其他配料，在室温下恒温1小时。

厨艺大师秘诀

配料应恒温至室温，这样可确保揉面均匀。理想温度范围在20~25℃。

在搅打盆中打入2个鸡蛋，稍加搅打使其均匀。

加入60克砂糖、10克盐、200克牛奶。将20克面包酵母分散于混合物。

在盆中一次性加入500克面粉，开始慢速搅打，避免面粉弹出盆外。

继续搅打，直到面团结实，富有弹性。

厨艺大师秘诀

面团不应粘到壁上，粘在壁上的面团难以弄下。

加入10克软化黄油丁，继续搅打，直到面团发亮。

2

发面

⏲ **10** 分钟

+ 静置 30分钟+6小时

将面团揉成球状，并在上面撒些面粉。

将面团球置于适当大小的容器中，用面布或塑料膜罩在容器上。

面团在30℃左右环境下发面30分钟。

将面团置于撒有面粉的案板上，用手掌轻揉面团。

再将面团放回容器，用布罩上，静置发面至少6小时。

3

整形

⏲ **15** 分钟

+ 静置 2小时

将面团置于撒有面粉的案板上，搓揉面团，赶出发酵产生的气体。再将面团切成8块。

将小面团揉成球，再压成加烧饼厚度的饼状。

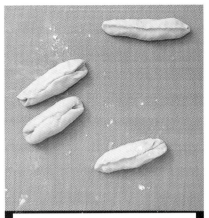

将面团皮两边朝中央折叠，赶走空气，用手指将面皮边捏在一起。

将面团滚搓成所希望的长条，并将长条面团置于烤盘。

在温湿环境静置1小时30分钟到2小时，发面至面团体积增倍。

厨艺大师秘诀

面团最好在 35℃下发面，发面场所应无空气流动。必要时在上面罩布或塑料膜。

4

烘烤

10 分钟

+ 烘烤 20分钟　　+ 静置 10分钟

烤炉预热180℃。将1个蛋黄与50克水和一小撮盐混合。

用刷子对棍式面包坯上光，避免蛋液流到烤盘上。在室温下凉干10分钟。

再刷一次上光料，然后，用预先润湿的刀刃在面团表面斜向划痕。

将维也纳棍面包坯放入烤炉烤制15~20分钟。成品应有均匀的颜色。

布里欧修

● **搭配饮料** 甜苹果酒//茶

55分钟
操作时间

+

25分钟
烘烤时间

+

1.1小时
40分钟
静置时间

13小时
总用时

★★
难度

细盐　　　50克砂糖　　　600克45号面粉　　　20克面包酵母　　　50克水

乳化物

300克黄油　　　1个蛋黄　　　8个鸡蛋

烘烤结束
面包出炉时刷少许糖浆，颜色会更加美观。

→ **多余的蛋白**
做成蛋酥。

如无砂糖
改用相同重量用食品加工机粉碎的粗砂糖。

橙皮布里修欧
成型前在面团中加入碎橙皮。

配方变化
果仁布里欧修
▶ 成形前在布里修欧面团中加125克碎果仁。

香肠布里欧修
▶ 面团中不要加糖。

1

制作面团

20 分钟

+ 静置 1小时

取出冷藏配料。称取其他配料，在室温环境下恒温1小时。

厨艺大师秘诀

各种配料应恒温到室温后再操作，以确保揉面均匀。适宜的温度范围在 20~25℃。

在搅打盆中打入6个鸡蛋，稍加搅拌，使其混合均匀。

加入50克糖和10克盐。将20克面包酵母分散于混合物中。

一次性加入500克面粉，开始慢速搅打，避免面粉弹到盆外。

继续搅打直到面团结实并富有弹性。

厨艺大师秘诀

避免面团粘到盆壁，粘在上面难以弄下来。

加入300克软化切成丁的黄油，继续搅打直到面团发亮。

2

发面

15
分钟

+ 静置 30分钟 + 8小时

将面团揉成球状，并在上面撒些面粉。

将面团球置于适当大小的容器，用面布或塑料膜罩住容器。

在30℃左右温度下静置发面30分钟。

将面团倒在撒有面粉的案板上，用手掌揉面。

再将面团放回容器，用布罩住，再发面至少8小时。

3

整形

15
分钟

+ 静置 2小时

将面团倒在撒有面粉的案板上，搓揉面团。

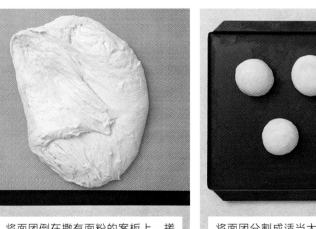

将面团分割成适当大小的布里修欧面团球（大小可视模具而定）。

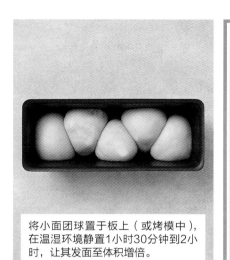

将小面团球置于板上（或烤模中），在温湿环境静置1小时30分钟到2小时，让其发面至体积增倍。

厨艺大师秘诀

布里修欧面团最好在35℃条件下发面。并应避免流动空气。必要时，上面罩布或塑料膜。

4

烘烤

5 分钟

+ 烘烤 25分钟　+ 静置 10分钟

烤炉预热到180℃。将1个蛋黄与50克水和一小撮盐混合。

用刷子在布里修欧面团表面刷上光料，避免蛋液流到烤馍上。在室温下凉干10分钟。

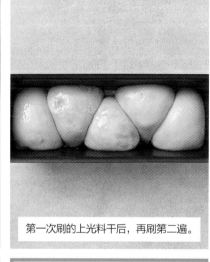

第一次刷的上光料干后，再刷第二遍。

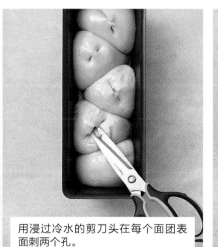

用浸过冷水的剪刀头在每个面团表面刺两个孔。

将烤模放入烤炉烤20~30分钟，具体时间视大小而定。成品应当发色良好。

厨艺大师秘诀

留意布里修欧的烘烤程度，用刀刃头检查，如发现已干，则已经烤好，否则要延长烘烤几分钟。

奶油酥

● **搭配饮料** 粉红色塞尔东//伯爵茶

1小时15分钟	+	25分钟	+	12小时10分钟	=	13小时50分钟	★★
操作时间		烘烤时间		静置时间		总用时	难度

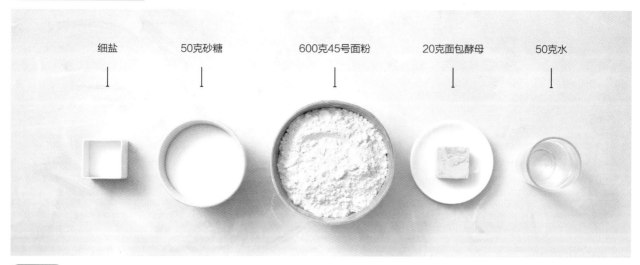

细盐	50克砂糖	600克45号面粉	20克面包酵母	50克水

乳化物

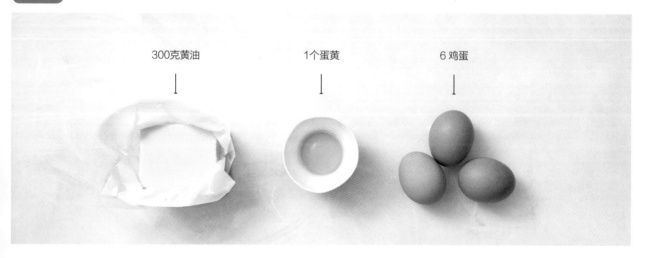

300克黄油	1个蛋黄	6 鸡蛋

1 小时前

将配料取出置于室温下恒温。

→ 多余的奶油酥

等其干了以后，用食品加工机与牛奶一起搅打，可得到具有奶油酥味的美妙英国奶糊。

如无黄油

改用人造黄油起层，操作更方便，但口感较黄油差些。

香草奶油酥

在黄油中加香草粉，用于面团分层。

配方变化

卡森糖奶油酥

▶ 卷成蛋卷面坯前，将卡森糖加在长方形面团上。

加糖浆的奶油酥

▶ 为增加光亮感，成品出炉时趁热在其表面刷糖浆。

1

制作面团

20 分钟

+ 静置 1小时

所有配料在室温下恒温1小时。用搅打盆将6个鸡蛋、50克糖和10克盐混合在一起，然后将20克酵母分散于混合物中。

加入500克面粉，并开始慢速搅打，直到面团富有弹性，不易拉开。

加入100克软化黄油丁，继续搅打，直到面团富有光泽。

2

发面

15 分钟

+ 静置 30分钟 + 8小时

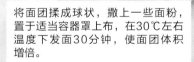

将面团揉成球状，撒上一些面粉，置于适当容器罩上布，在30℃左右温度下发面30分钟，使面团体积增倍。

将面团倒入撒有面粉的案板上揉捏。再将面团放回容器，用布罩住，发面至少8小时。

3

面团分层（分2层）

20 分钟

+ 静置 30分钟

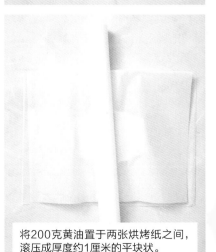

将200克黄油置于两张烘烤纸之间，滚压成厚度约1厘米的平块状。

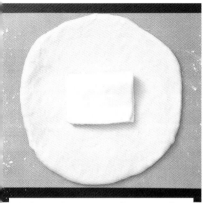

在案板上撒些面粉。将面团压成厚度1.5厘米的圆片，然后将黄油块置于中央。

将面皮边朝黄油卷翻成信袋状。滚压使黄油粘在面团上。

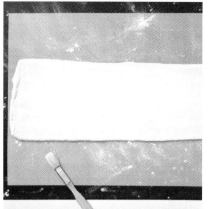

将面团擀压成厚度1.5厘米的长方形面皮。扫除面皮表面多余的面粉。

将长条面皮按三等份长度折起来，成为第一次分层。

将面坯向左转动四分之一圈，使褶皱正对操作者。

用擀面杖均匀压坯，使面层粘在一起。

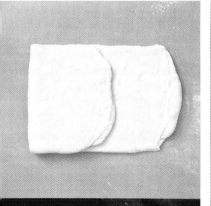

再将面团压成长方形面皮，再按三等分折起来。

面块静置约30分钟。

4

面团压皮整形

15
分钟

+ 静置 2小时

将面团皮分成两块或三块。每块再在撒有面粉的案板上压成1厘米厚的长方形。

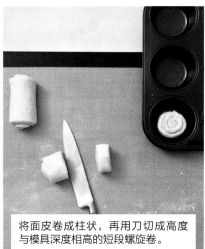

将面皮卷成柱状，再用刀切成高度与模具深度相高的短段螺旋卷。

将螺旋卷面团放入模具，注意将其居中放置，以使面团能正常膨胀。

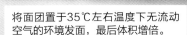

将面团置于35℃左右温度下无流动空气的环境发面，最后体积增倍。

5

烘烤

5
分钟

+ 烘烤 25分钟　　+ 静置 10分钟

烤炉预热至180℃。将 1 个蛋黄与50克水和一小撮盐混合。

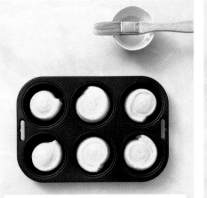

用刷子对螺旋面坯上光，注意避免上光料流到模具上。然后在室温下静置10分钟。

再次对面坯上光，然后送入烤炉烤20~30分钟。

待奶油蛋卷呈现金黄色，用刀尖轻刺检验，如取出的刀为干燥状态，则终止烘烤。

瑞士奶油酥

● **搭配饮料** 法式长浓缩咖啡//红色水果茶

1小时 5分钟	+	35分钟	+	11小时 20分钟	=	13小时	★★
操作时间		烘烤时间		静置时间		总用时	难度

30克吉士粉（或玉米淀粉）　　细盐

半荚香兰豆

45号面粉

160克巧克力碎片　　100克水　　10克面包酵母　　145克砂糖

乳化物

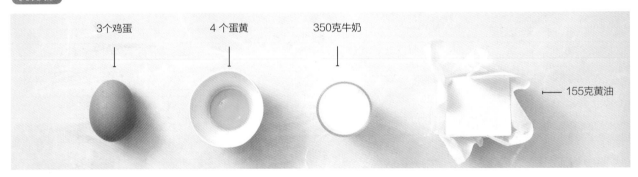

3个鸡蛋　　4个蛋黄　　350克牛奶

155克黄油

24小时前

制作奶油面糊。

1小时前

将用于制作面团的鸡蛋、牛奶和黄油从冷藏室取出，于室温（20~25℃）下静置1小时。称取准备其他配料。

如无吉士粉

改用玉米淀粉。

注意烹饪过程

奶油面糊必须煮透，否则将不能持续地加以利用。应至少煮沸1分钟。

巧克力瑞士奶油酥

用30克黑巧克力碎片替代香兰。

配方变化

果脯瑞士奶油酥

▶ 用混合果（葡萄、枸杞、杏脯……）脯替代巧克力。

果仁糖瑞士奶油酥

▶ 在奶油面糊中加入100克果仁糖。

1

制作奶油面糊

15 分钟

+ 烧煮 5分钟

用刀背劈开半荚香兰豆，收集豆子。将香兰豆加入350克牛奶，煮沸。

将3个蛋黄与70克糖加在一起搅打至混合物发白。加入30克吉士粉或玉米淀粉。

将牛奶中的香兰豆过滤掉，然后逐渐将热牛奶加入前面的混合物。再转入长柄锅。

长柄锅置于文火上加热，不断搅拌，直到混合物煮沸。维持沸腾状态1分钟。

关火，加入30克黄油。将混合物倒入色拉盆，用塑料膜罩住冷却，再置于冷藏室静置。

2

制作面团

20 分钟

+ 静置 30分钟 + 8小时

在搅打盆中，将3个鸡蛋、25克糖和5克盐混合。加入10克面包酵母，使其分散于混合物。

加入300克面粉，搅打。避免面糊粘到盆壁，否则难以弄下来。

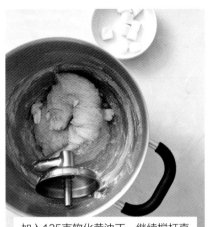

加入125克软化黄油丁，继续搅打直至面团发亮。

将面团揉成球状，转置于色拉盆，面团上撒些面粉，用布罩住，在30℃左右温度下静置发面30分钟。

将面团倒在撒有面粉的案板上，揉面。再将面团放回容器，用布罩住，静置发面至少8小时。

3

奶油酥整形

20
分钟

+ 静置 2小时30分钟

再将面团倒在撒有面粉的案板上。将面团压成约40厘米长30厘米宽的长方形面片。

从冷藏室取出奶油糊，搅打使其软化。

在半面面片上抹一层奶油糊，然后撒上巧克力碎片。

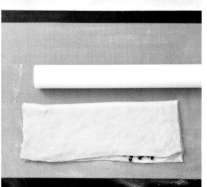

将面片朝有馅料的半面折叠，然后压面赶出气体。用擀面杖将表面滚平滑。

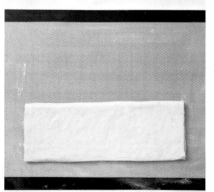

置于冷藏室30分钟左右，使其坚挺。

将双层折叠面团切成8块5厘米×15厘米大小的长方小块，并置于烤盘中。

在30℃左右温度无流动空气环境中静置发面2小时，使面团体积翻倍。

4

上糖浆

5分钟

+ 烧煮 5分钟　　+ 静置 10分钟

将50克水和50克糖混合在一起，煮沸，然后冷却。同时，将烤炉预热到170℃。

5

烘烤

5分钟

+ 烘烤 25分钟　　+ 静置 10分钟

将1个鸡蛋黄与50克水及1小撮细盐混合。用刷子蘸些面料涂于奶油蛋卷上面，注意避免流到烤盘上。

晾干10分钟，烘烤前再涂第二遍面料。

将烤盘送入烤炉烘烤20~30分钟，使奶油蛋卷呈诱人的金黄色。

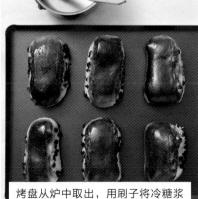

烤盘从炉中取出，用刷子将冷糖浆涂在奶油蛋卷表面。在室温下冷却。

糖面奶油面包

1小时20分钟	40分钟	11小时10分钟	13小时10分钟	★★
操作时间	烘烤时间	静置时间	总用时	难度

细盐　　50克水　　150克糕点细砂糖　　300克45 号面粉　　95克砂糖　　10克面包酵母

半荚香兰豆

30克吉士粉
（或玉米淀粉）

乳化物

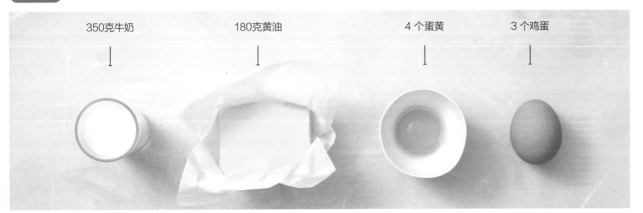

350克牛奶　　180克黄油　　4 个蛋黄　　3 个鸡蛋

24小时前 ▶
制作奶油糖面糊。

1小时前 ▶
从冷藏室取出3个鸡蛋和125克黄油，于室温下（最好在20~25℃范围）静置1小时。

如无糕点细砂糖

改用蛋白糖霜。

普隆比埃糖面奶油面包

在奶油糖面糊中加朗姆酒浸泡过的葡萄干。

配方变化

巧克力糖面奶油面包

▶ 制作巧克力奶糖油糊，加些巧克力碎片。

百香果糖面奶油面包

▶ 奶油糖糊中的牛奶用冷冻百香果茶替代（其余配方不变）。

→ 多科的奶油糖面糊

做成薄脆糖片：在纸上将奶油糖面糊摊薄，于170℃烘烤至出现诱人的棕色。

1

制作奶油面糊

15 分钟

+ 烧煮 5分钟

用刀背劈开半荚香兰豆，收集豆子。将香兰豆加入350克牛奶，煮沸。

将3个蛋黄与70克糖加在一起搅打至混合物发白。加入30克吉士粉（或玉米淀粉）。

将牛奶中的香兰豆过滤掉，然后逐渐将热牛奶加入前面的混合物。再转入长柄锅。

将长柄锅置于文火上加热，不停搅拌，直到混合物煮沸。维持沸腾状态 1 分钟。

关火，加入30克黄油。将混合物倒入色拉盆，用塑料膜罩住冷却，再置于冷藏室静置。

2

制作面团

20 分钟

+ 静置 30分钟+8小时

将配料提前1小时取出恒温。在搅打盆中加入3个鸡蛋、25克糖和5克盐，再将10克酵母分散于混合物中。

加入250克面粉，开始慢速搅打至面团富有弹性，难以拉伸。

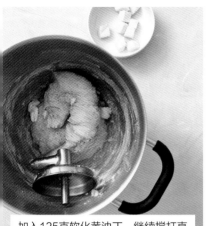

加入125克软化黄油丁，继续搅打直至面团发亮光滑。

将面团揉成球状，转置于色拉盆，面团上撒些面粉，用布罩住，在30℃左右温度下发面30分钟。

将面团倒在撒有面粉的案板上，揉面。再将面团放回容器，用布罩住，继续发面至少8小时。

3

整形与焙烤

45 分钟

+ 焙烤 35分钟　+ 静置 2小时40分钟

将面团倒在撒有面粉的案板上，将面团压成27厘米×30厘米的长方块。

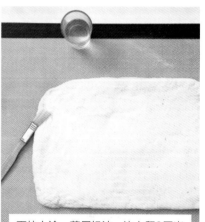

面块上涂一薄层奶油，边上留2厘米宽条带，用刷子蘸水使该条带湿润。

从湿润带对面一边开始卷曲面皮，卷到最后将润湿带粘贴在面团卷。

将面团卷放入冷冻室30分钟，使其坚硬。

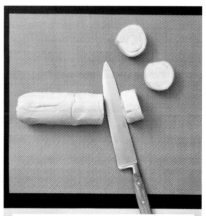

将面团卷切成9段，即厚度约为3厘米的螺旋卷。

用刷子对大蛋糕模盘涂黄油。将烤炉预热至170℃。

先在盘中央放一个螺旋面卷，然后沿盘摆一圈螺旋面卷，注意面卷间留有适当距离。在35℃左右下发面2小时。

准备面料：将1个蛋黄、50克水和1小撮细盐混合。

待面团卷体积增大一倍，用刷子在其上涂面料，注意不要使面料流到盘中。

室温下晾10分钟，再进行第二次涂料。

将蛋糕模盘送入烤炉，烘烤30~40分钟。

利用薄刀插入螺旋卷中央检查烘烤程度：抽出的刀面如为干燥状态，则可结束烘烤，取出蛋糕模于室温下冷却。

细砂糖用水或糖浆混合加热至温，具体加什么视包装形式而定。

用抹刀将糖面料抹在每个螺旋面卷上。

蝴蝶酥

● **搭配饮料** 香槟酒//奶茶

1小时	20分钟	2小时20分钟	3小时40分钟	★★
操作时间	烘烤时间	静置时间	总用时	难度

125克水　　100克砂糖　　300克55号面粉　　5克细盐

乳化物

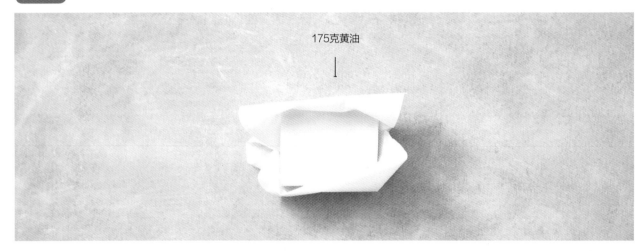

175克黄油

24小时前

完成酥皮面团制备。

→ **多余的蝴蝶酥**

磨碎用于装饰千层酥。

时间不够

面团换为现成的酥皮面团。可能的话将面团做成长方形，而不是圆形。

柠檬蝴蝶酥

加入磨碎的青柠檬和黄柠檬皮，然后按原配方制作。

配方变化

牡蛎面包

▶ 水中加100克牡蛎；这种面包最好用于海鲜拼盘。

板栗面包

▶ 成形时在面团中加入 100克熟板栗碎片。

1

和面

5 分钟

+ 静置 10分钟

熔化25克黄油，晾凉。5克盐溶于125克冷水中。

将250克面粉、盐水和熔化黄油混合，形成均匀的面团。

不要过度揉面，以免产生弹性。静置10分钟。

2

制作酥皮面团

35 分钟

+ 静置 1小时

两张烹饪纸间放150克黄油，擀压使黄油软化。将黄油塑成1.5厘米厚的方块。

将面团置于撒有面粉的案板上，压成厚度约1.5厘米的圆片。

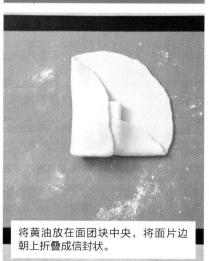

将黄油放在面团块中央，将面片边朝上折叠成信封状。

用擀面杖滚压面团，使黄油紧贴面团。

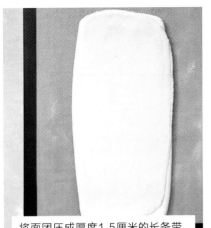

将面团压成厚度1.5厘米的长条带。扫除面团上多余的面粉。

将面团皮弯折成相等宽的三层，以形成第一次分层。

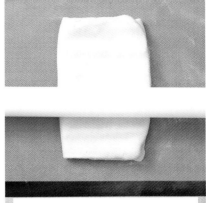

将面团转过90°，使面团相对操作者呈直条。用擀面杖将面皮压实。

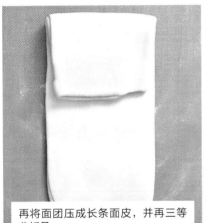

再将面团压成长条面皮，并再三等分折叠。

在面团左下角按两个指印，置于冷藏室静置20分钟。

将面团置于撒有面粉的案板上，进行第二次分层操作。

在面团左下角按四个指印，再置于冷藏室静置20分钟。

将面团再次置于撒有面粉的案板上，进行最后一次分层操作。

在面团左下角按六个指印，再置于冷藏室静置20分钟。

3

整形与烘烤

20
分钟

+ 烘烤 20分钟   + 静置 1小时10分钟

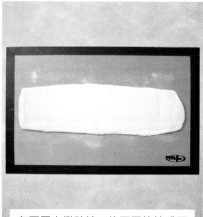

在面团上撒砂糖，将面团拉抻成厚度约2毫米宽度约10厘米的面带。

将余下的砂糖撒在面带上，并通过擀压使其嵌在面团皮中。

对叠面皮确定中间位置，然后展开面皮，从两端开始朝中间卷拢面皮。

当即将到达中间位置时，同时小心地滚卷两面皮卷，以使其粘在一起。

将面皮卷筒置于冷藏室直至变结实。烤炉预热到220℃。

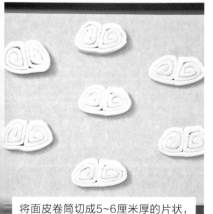

将面皮卷筒切成5~6厘米厚的片状，置于铺有烘焙纸的烤盘（注意面卷片间留有足够空间）。

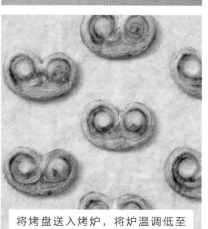

将烤盘送入烤炉，将炉温调低至180℃，烘烤15~20分钟，烘烤中途将面皮卷翻身。

厨艺大师秘诀

烘烤中途将蝴蝶酥面坯翻身可使两面焦糖化。食用前要冷却透。

法式长棍面包

1小时20分钟 操作时间 + 15分钟 烘烤时间 + 4小时45分钟 静置时间 = 6小时20分钟 总用时 ★★ 难度

1.125千克55号面粉　　　　　　　20克细盐

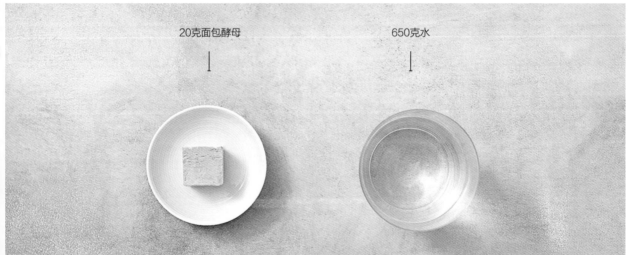

20克面包酵母　　　　　　　　650克水

24

24 小时前

所有配料提前取出，确保其
有良好的室温。

→ **留少量生面团**

用于下次制作面团时的发酵剂。

如无起皱器

改用面刀完成操作。

如无面布

改用不加软化剂洗涤过的
适当棉质抹布。

配方变化

特大法棍面包
▶ 一种大棍面包，几乎消失。

儿童面包
▶ 一种小棍面包。

1

准备配料

⏱ 5 分钟

+ 静置 1小时

称取1千克面粉、650克水和20克盐。分别将这些配料于室温下静置1小时。

2

搅打面团

⏱ 20 分钟

将水、20克酵母和面粉加入搅打盆。用钩形搅拌器慢速搅打10~15分钟。

加入细盐，继续搅打5分钟。面团应结实，富有弹性。

厨艺大师秘诀

搅速度要慢，以免引起面团发热。

3

第一次发面

⏱ 5 分钟

+ 静置 1小时

将面团置于撒有面粉的案板上，揉成球状。再放入大色拉盆。

用布或塑料膜罩住色拉盆，置于室温环境发面约1小时。

4

切割面团

（10 分钟）

把面团切成6块相同重量的面块。

将面块用布罩住，以免其表面结皮。

5

整形

（30 分钟）

在撒有面粉的案板上搓揉面块。

将面团揉成球状，然后将它们压成烧饼厚度的椭圆状。

将两长边朝中央折叠，用手指将两面皮边捏在一起。

由中间开始朝两端，将面团搓成与烤盘长度相当的均匀长条。

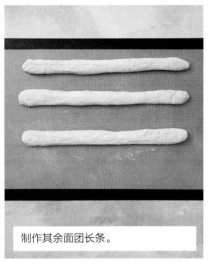

制作其余面团长条。

6

制作面团棍

5
分钟

+ 静置 2小时45分钟

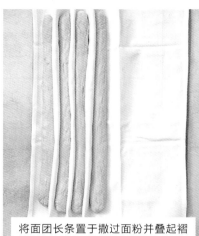

将面团长条置于撒过面粉并叠起褶的布上，确保面团条维持形状。

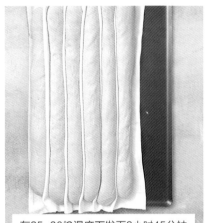

在25~30℃温度下发面2小时45分钟左右，使面团体积增倍。

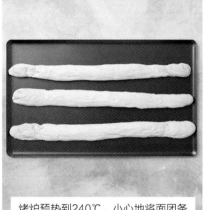

烤炉预热到240℃。小心地将面团条一一摆入烤盘。

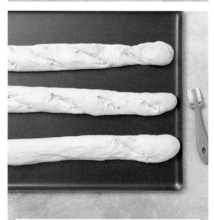

用起皱器（或者面刀），在面团条表面切出五条斜口。

7

烘烤

5
分钟

+ 烘烤 15分钟

将面团条送入烤炉，烘烤15~20分钟，烤成颜色恰好的面包。

烘烤结束，将面包置于格栅（箅子）冷却。

铸铁锅面包

🥄 40分钟	+	🍳 40分钟	+	🔔 5小时	=	⏱ 6小时 20分钟	★★
操作时间		烘烤时间		静置时间		总用时	难度

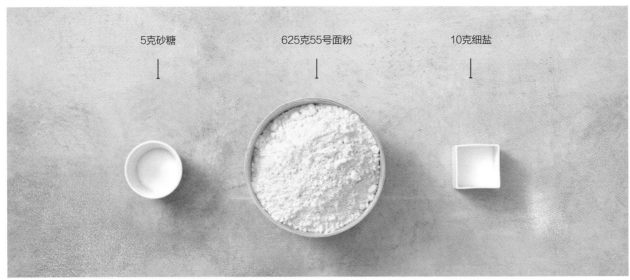

5克砂糖　　　625克55号面粉　　　10克细盐

12克面包酵母　　　300克水　　　3毫升葵花籽油

24 小时前

预先取出配料，确保其温度适当。

 留少量生面团

制成迷你铁锅面包，适于作晚餐开胃品吃。

如无葵花籽油

用黄油替代。

如无铸铁锅

改用其他带盖的模具完成相应任务。但应注意，根据模具大小确定烘烤时间。

配方变化

牡蛎面包

▶ 水中加 100克牡蛎；这种面包最好用于海鲜拼盘。

板栗面包

▶ 成型时在面团中加入100克熟板栗碎片。

1

准备配料

5 分钟

+ 静置 1小时

称取500克面粉、300克水、5克糖和10克盐。分别置于室温1小时。

2

搅打面团

10 分钟

将12克面包酵母溶于温水中。

将面粉、盐和糖混合于搅打盆中。

加入3毫升葵花籽油及酵母水液，然后慢速搅打10分钟。

厨艺大师秘诀

搅打速度要慢，以免引起面团发热。

3

第一次发面

2 分钟

+ 静置 2小时

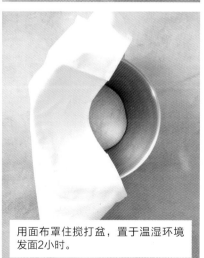

用面布罩住搅打盆，置于温湿环境发面2小时。

4

打破面团

⏱ **5** 分钟

将面团倒在撒有面粉的案板上。揉面。

5

铸铁锅垫底

⏱ **2** 分钟

剪出一张直径与铸铁锅底相当的烘焙纸，将圆纸摆入锅底。

厨艺大师秘诀

──────────

这里用的是直径18厘米的铸铁锅也可用其他铁锅，但必须不粘锅壁。

6

第二次发面

⏱ **10** 分钟

+ 静置 2 小时

在撒有面粉的案板上，将面团揉成铸铁锅大小的形状。

用起皱器或刀在面团表面划斜痕，然后在表面撒些面粉。

将面团放入铁锅，加盖，静置约2小时。

7

烘烤

○ 2 分钟

+ 烘烤 35分钟

将加盖铸铁锅置于冷炉，调节炉温到240℃。烘烤35分钟。

厨艺大师秘诀
───────────

启动冷炉烘烤锅可延长发面时间，从而可得到更丰富的蜂窝面包屑。

厨艺大师秘诀
───────────

加盖有利于面包膨大，如要面包起硬皮，则不能加盖，否则面包会发软。

8

去盖烘烤

○ 2 分钟

+ 烘烤 5分钟

揭开锅盖，继续烘烤5分钟，以便使表面脱水变色。

9

测试烘烤

○ 2 分钟

用薄刀插入面包中心。如刀面潮湿，则再将烘烤延长几分钟。

如刀面为干燥，则终止烘烤。

葡萄核桃乡村面包

55分钟	+	35分钟	+	5小时15分钟	=	6小时45分钟	★★
操作时间		烘烤时间		静置时间		总用时	难度

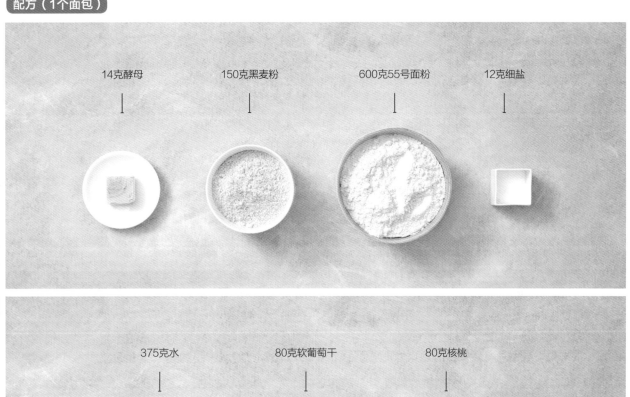

14克酵母　　150克黑麦粉　　600克55号面粉　　12克细盐

375克水　　80克软葡萄干　　80克核桃

24 24小时前
准备酵头。

→ **少量生面团**

作为下次发面时的酵头用。

如无酵头

改用鲜酵母。

小面包

最好制成45克重面包。

配方变化

熏肉核桃乡村面包
▶ 葡萄干用熏肉替代。

三核桃乡村面包
▶ 三分之一葡萄干由核桃替代，三分之二葡萄干由榛子替代。

1

制作酵头

10 分钟

+ 静置 2小时

将200克面粉、120克水和4克酵母混合于搅打盆。搅打5分钟。

用布罩住盆子，室温下静置2小时。

厨艺大师秘诀

酵母最好在室温下操作，它们喜爱潮湿、温暖。

2

搅打面团

15 分钟

在搅打盆的酵头中，加10克酵母、300克面粉、100克黑麦粉、12克盐和250克水。

慢速搅打10分钟，以免面团太白。

3

装饰

5 分钟

将80克核桃要成粗粒，再与80克葡萄干混合。

将干果加入搅打盆，搅打1分钟，使其均匀地分散于面团中。

4

第一次发面

5 分钟

+ 静置 2小时

在案板上撒些面粉，然后揉面。

将面团揉成球状，放入大色拉盆，用布罩住。

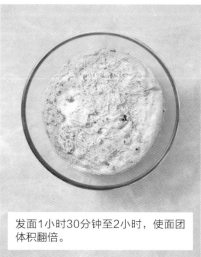

发面1小时30分钟至2小时，使面团体积翻倍。

5

分割面团

5 分钟

将面团倒在撒有面粉的案板上，然后揉面。

6

整形和第二次发面

10 分钟

+ 静置 1小时15分钟

将面团揉成球状。

将面团揉成球。

用面刀在面团表面划痕。

烤炉预热到240℃。在25~30℃温度下发面1小时至1小时30分钟。

用小筛在面团表面撒些黑麦面粉。

7

烘烤

5
分钟

+ 烘烤 35分钟

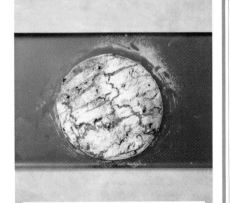

将面团送入烤炉，烘烤30~40分钟直到面包出现恰当的颜色。

烘烤结束，将面包置于格栅冷却。

白吐司面包

1小时	+	45分钟	+	3小时 10分钟	=	4小时 55分钟	★★
操作时间		烘烤时间		静置时间		总用时	难度

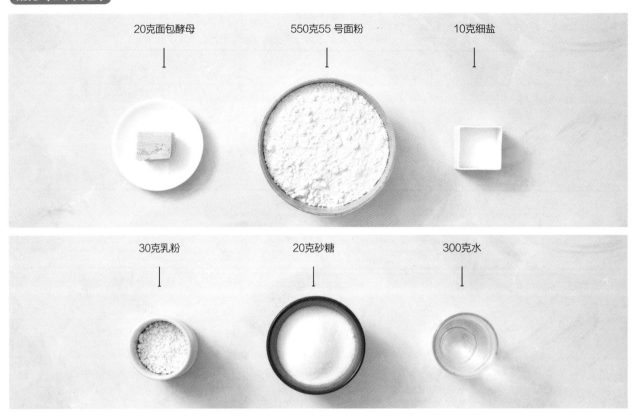

20克面包酵母　　550克55号面粉　　10克细盐

30克乳粉　　20克砂糖　　300克水

乳化物

120克黄油

24小时前

如要用酵头做面团，需提前制作。

→ **留下的白吐司皮**

制备英式面包屑！

如无牛奶

用稀奶油替代。

彩色面包

做多种颜色的面团，混合在一起做成多色面包。

配方变化

药草吐司面包

▶ 在面团中添加漂洗过、切碎的某些药草。莳萝面包与烟熏鲑鱼是很好的搭配。

咖喱吐司面包

▶ 在水中溶化咖喱膏，然后按配方制作吐司面包。咖喱吐司面包加虾黄油，是理想的开胃面包。

1

搅打面团

(30 分钟)

将80克黄油捏成软膏状。

将20克酵母投入搅打盆，分散于100克水中。

再加入200克水、20克糖、30克乳粉及500克面粉。

表面撒10克盐，然后以慢速搅打。待混合物趋于均匀，加入黄油。

提高搅打速度便形成整体面团，然后再以低速搅打15分钟，以增加弹性。

2

第一次发面

(5 分钟)

+ 静置 1小时15分钟

将面团倒在撒有面粉的案板上，揉成球状。

将面团放入大色拉盆，用塑料膜罩住。

色拉盆置于25~30℃温度环境1小时30分钟，直至面团体积增倍。

3

揉面及分割面团

5
分钟

+ 静置 10分钟

在撒有面粉的案板上揉面，将其中的气体赶出。

将面团分成三等份，静置10分钟，再将它们揉成球状。

4

整形及第二次发面

15
分钟

+ 静置 1小时45分钟

用刷子在三个27厘米×10厘米×10厘米的庞多米模中涂上软化的黄油。

将面团压成烧饼厚度的椭圆面皮，然后将两边面皮朝中央折叠，并赶出空气。

沿长轴向，用手指将两面皮边捏在一起。

轻轻拉伸面团块，再将它们搓成长度与模具长相当的圆条。

将面团条放入抹过黄油的模具，轻压面团使其填满模具。

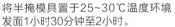

将半掩模具置于25~30℃温度环境发面1小时30分钟至2小时。

5

烘烤

5
分钟

+ 烘烤 45分钟

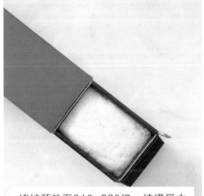

烤炉预热至210~220℃。待模具中的面团体积翻倍，面团将充满整个模具。

盖上模具盖，将模具送入烤炉，烘烤45分钟（具体时间应当根据模具大小进行调整）。

烘烤结束，将庞多米脱模，置于格栅上冷却。

无麸质面包

1小时 25分钟	+	35分钟	+	4小时	=	6小时	★★
操作时间		烘烤时间		静置时间		总用时	难度

25克面包酵母　　500克玉米粉　　120克杂粮　　20克细盐

5克砂糖　　300克大米粉　　100克淀粉

650克水　　250克板栗粉　　15克瓜尔胶

24

24小时前

提前取出所配料，确保其具有恰当温度。

→ **留少量生面团**

用作下次制作时的面团发酵剂。

如无大米粉

用羽扇豆粉替代。

如无模具

用可脱模蛋糕模替代。

配方变化

个性面包
▶ 用松饼模具烘烤。

软性面包
▶ 用带盖铸铁锅烘烤，烘烤结束后开盖。

1

准备配料

5
分钟

+ 静置 1小时

分别称取500克玉米粉、150克大米粉、250克板栗粉和100克淀粉。

再称取650克水、5克糖、15克瓜尔胶和20克盐。全部配料于室温下静置1小时。

厨艺大师秘诀

瓜尔胶可用于改善面包质地。

2

搅打配料

20
分钟

搅打盆中加入25克酵母、淀粉、糖及几种谷物粉。

慢速搅打10～15分钟。

加入细盐继续搅打5分钟。布置应当结实富有弹性。

厨艺大师秘诀

搅打速度要慢，以免引起面团发热。

3

制作面团

5
分钟

+ 静置 1小时

将面团置于撒有面粉的案板上，揉成球状。

将面团放入大色拉盆，用面布罩上，静置发面1小时。

4

分割面团

5
分钟

将面团按六等份分割。

将面团用布罩住以防结壳。

5

整形

30
分钟

在撒有面粉的案板上揉面，将面团球压成厚度与烧饼相当的椭圆形。

将两边面皮朝中央折叠，用手指将两面皮捏在一起。

从中间朝两端将面团滚搓成六根均匀的面团条。

6

二次发面

10 分钟

+ 静置 1小时30分钟

将面团放入抹过葵花籽油、撒过米粉、尺寸为21厘米×10厘米×7厘米的长方形模具。

压面，每只模具面团上加入20克杂粮谷物。

在25～30℃温度下静置发面1小时30分钟至面团体积翻倍。

7

烘烤

10 分钟

+ 烘烤 35分钟   + 静置 30分钟

烤炉预热至210℃。将模具送入烤炉烘烤约25分钟。

面包脱模，置于炉中格栅，继续烘烤10分钟。

烘烤结束，取出面包置于格栅冷却30分钟。

蒸面包

1小时10分钟 操作时间 + 20分钟 烘烤时间 + 2小时20分钟 静置时间 = 3小时50分钟 总用时 ★★ 难度

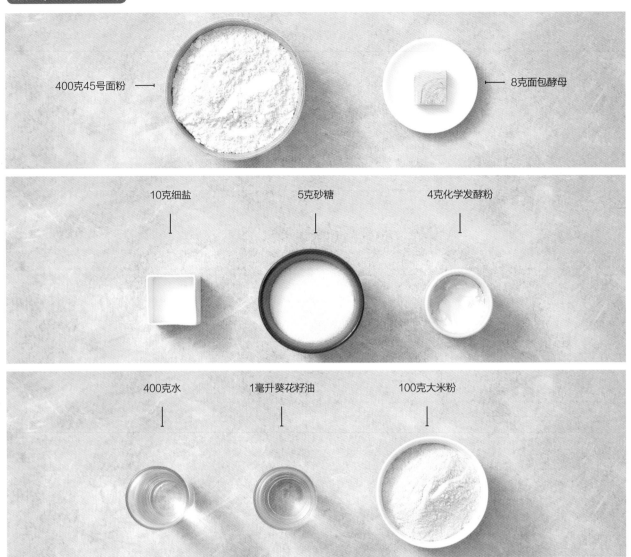

400克45号面粉 ——

—— 8克面包酵母

10克细盐

5克砂糖

4克化学发酵粉

400克水

1毫升葵花籽油

100克大米粉

24 小时前

提前取出所有配料，确保其有恰当的温度。

→ 留少量生面团

可制作花卷，搭配烤肉一起食用。

如无大米粉

改用45号面粉。

如无蒸笼

改用隔水蒸锅。

配方变化

夹馅蒸面包

▶ 将块烤猪肉、四分之一个煮鸡蛋和一段亚洲香肠，夹在面团中间，并进行蒸煮。

蒸甜面包

▶ 在蒸面包中加干苹果泥。

1

制作面团及第一次发面

20 分钟

+ 静置 2小时

将8克面包酵母和5克糖溶于100克温水中。静置30分钟。

在搅打盆中加入400克面粉、100克盐。低速搅打混合。

加入酵母水，开始缓缓混合形成面团。

加入300克水，低速搅打10分钟以得到均匀的面团。

加入4克化学发酵粉，再搅打5分钟。

用塑料膜罩住面团，于室温下静置约1小时30分钟发面，使面团体积加倍。

2

揉面

5 分钟

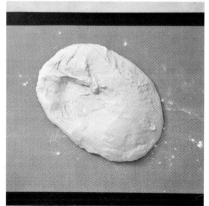

将面团倒在撒有面粉的案板上，揉面赶出面团中的气体。

3

整形与第二次发面

40 分钟

+ 静置 20分钟

将面团分成重量相等的两块。

在撒有面粉的案板上揉面。

将面团揉成球状，再将面团球压成烧饼厚度的椭圆片状。

将面片两长边朝中央折叠，再用手指将两面皮边捏在一起。

将面团搓滚成两条直径约5厘米的条状。

将两条面团分别切成块长5厘米的五小块，共10块。

剪出10张6厘米见方的小蒸笼纸。

用刷子在每张小蒸笼纸上抹油，每张放一块小面团。

将面坯置于蒸笼，块间留出适当距离，加盖静置发面20分钟。

4

蒸煮

5 分钟

+ 蒸煮 20分钟

用面布罩住发过的面坯。

开始加热蒸锅至水沸，然后装上蒸笼。

待蒸锅水重新沸腾，开始计时蒸煮15分钟。

蒸煮结束，取走蒸笼纸，趁热食用。

印度烤饼

● **搭配饮料** 酸奶//果汁

50分钟	+	3分钟	+	3小时	=	3小时53分钟	★★
操作时间		烘烤时间		静置时间		总用时	难度

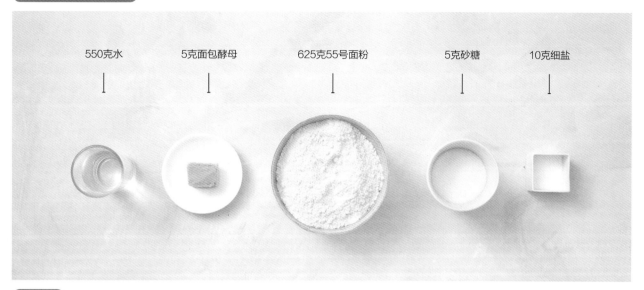

550克水　　5克面包酵母　　625克55号面粉　　5克砂糖　　10克细盐

乳化物

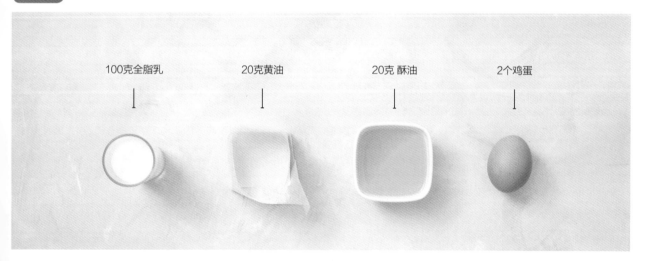

100克全脂乳　　20克黄油　　20克 酥油　　2个鸡蛋

24

24小时前
取出所有干配料，确保其具有恰当的温度。

→ **留少量生面团**

用作下次制作面团时的老面。

如无酥油

改用葵花籽油。

如无筒状泥炉

开炉底火，并加一装水小容器。

配方变化

奶酪烤饼
▶ 在烤饼中央涂上奶酪，折叠压平。

香料烤饼
▶ 在面团中加入香料，其余按配方制备。

1

准备配料

5 分钟

+ 静置 1小时

分别称取各种配料，静置于室温1小时。

2

搅打面团

10 分钟

在搅打盆中加入5克糖和10克细盐。

加入500克面粉，在上面撒5克酵母（不要使其接触盐）。

加2个鸡蛋，倒在面粉上面。

加20克酥油，混合配料。

逐渐加入250克水和100克牛奶，低速搅打混合。

用钩形头慢速搅打5分钟，得到具有活动性的均匀面团。

3

第一次发面

⏲ **5** 分钟

+ 静置 2小时

用洁净面布罩住搅打盆，在室温下静置2小时。

面团体积应当增加一倍。

4

分割面团

⏲ **5** 分钟

将面团做成4～6个网球大小的面球，要确保它们的重量相等。

厨艺大师秘诀

一般在撒过面粉的案板上揉面，以避免粘住面团。

用面布罩面团球，以免外表结皮。将烤炉预热到280℃。

5

整形

⏲ **20** 分钟

将面团球揉成面饼状。

149

将面团揉成球，再将球压成烤饼状。

将两邻边面皮朝中央折起并捏紧在一起，再将另一端两面皮朝中央折起并捏紧。

再将面饼压成厚度约5毫米的均匀煎饼状。

6

烘烤

2 分钟

+ 烘烤 3分钟

再将烤饼坯摆在烤盘中，并在盘中摆一小碗热水。

烘烤约3分钟，至烤饼呈现应有的颜色。

7

刷油

3 分钟

用微波炉熔化20克黄油。

馕出炉后，在表面刷上熔化的黄油。

潘妮托尼

● **搭配饮料** 阿斯蒂起泡酒//特浓咖啡

50分钟	40分钟	3小时 40分钟	5小时 10分钟	★★
操作时间	烘烤时间	静置时间	总用时	难度

15克 面包酵母　　450克55号面粉　　75克砂糖　　6克细盐

60克柠檬皮蜜饯　　60克橙皮蜜饯　　75克葡萄干

乳化物

250克黄油　　2个蛋黄　　2个鸡蛋

模具

潘妮托尼模具的特殊形状可使其朝上发面。模具内衬纸可方便糕点脱模，但底部要衬两层烘烤纸，以免潘妮托尼受热过度。

习俗

烘烤潘妮托尼时，在面团顶端插两根细长棍，翻转后平稳置于大色拉盆上，以使烤潘妮托尼的头保持隆起。

如无模具

可购买既可烘烤又可供餐的一次性厚纸模具。

小潘妮托尼

用松饼模具制作袖珍潘妮托尼。

配方变化

巧克力潘妮托尼

▶ 在面团中加黑巧克力碎片。

全柑橘潘妮托尼

▶ 用柚子皮蜜饯替代葡萄干，并在烤过的面包上加些箭叶橙丝。

1

准备配料

10 分钟

+ 静置 1小时

从冷藏室取出新鲜配料。称取其他配料，于22℃左右温度场所静置1小时。

将60克柠檬皮蜜饯及60克橙皮蜜饯切成5毫米见方的丁。加入75克葡萄干，静置。

2

准备模具

5 分钟

选择一种至少15厘米高的潘妮托尼模具。裁剪一张30厘米×100厘米的长方形烘烤纸。

厨艺大师秘诀

烘烤纸的宽度应当是模具高度的两倍，其长度应当可以绕模具圆周两圈。上过黄油衬在模具的这种纸有利于发面朝上移动，也有利于脱模。

将50克黄油软化。用刷子将黄油涂在烘烤纸上，然后将纸衬到模具中。

3

搅打面团

15 分钟

在搅打盆中打入2个鸡蛋和2个蛋黄。搅打鸡蛋，然后加入75克糖和6克盐。

在混合物中溶入15克酵母，然后一次性将400克面粉投入搅打盆。

用钩形头搅打至面团不再粘壁，且难以拉伸。

逐渐加入150克软化黄油丁。搅打至面团发亮。

4

第一次发面

⏲ **5** 分钟

+ 静置 1小时15分钟

将面团倒在撒有面粉的案板上，揉成球状。

将面团球置于大色拉盆，用食用塑料膜罩住。

在30℃温度下发面1小时到1小时30分钟。发好的面团体积应当增大一倍。

5

第二次发面

⏲ **5** 分钟

+ 静置 1小时15分钟

将面团倒在撒有面粉的案板，揉面，赶走发酵过程产生的气体。

加入水果丁。将面团揉成球状，放入模具。

于室温无流动空气环境静置发面1小时到1小时30分钟，使面团体积增加一倍。

6

面团涂黄油

5 分钟

烤炉预热至200℃。熔化50克黄油，冷却，然后涂于潘妮托尼面团上。

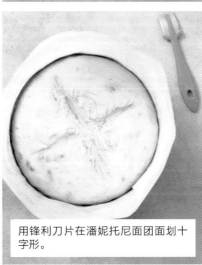

用锋利刀片在潘妮托尼面团面划十字形。

7

烘烤

5 分钟

+ 烘烤 40分钟　　+ 静置 10分钟

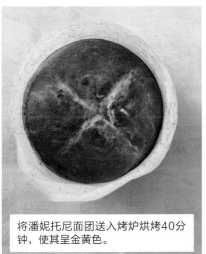

将潘妮托尼面团送入烤炉烘烤40分钟，使其呈金黄色。

再次用黄油涂潘妮托尼。将炉温调低到170℃，继续烘烤20～25分钟。

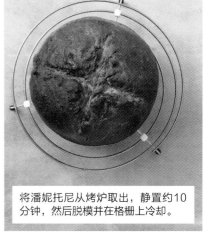

将潘妮托尼从烤炉取出，静置约10分钟，然后脱模并在格栅上冷却。

苹果馅酥皮面包

● **搭配饮料** 苹果酒//梨

 1小时30分钟
操作时间

 1小时
烘烤时间

 1小时40分钟
静置时间

 4小时10分钟
总用时

★★★
难度

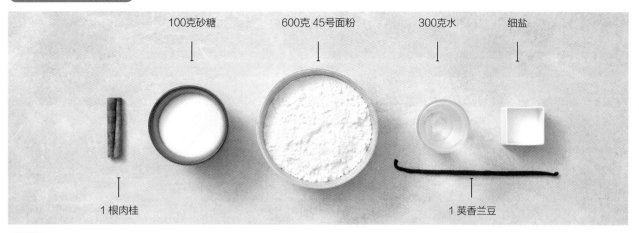

100克砂糖　　600克 45号面粉　　300克水　　细盐

1 根肉桂

1 荚香兰豆

水果

5 个苹果

1 个柠檬

乳化物

1 个蛋黄

370克黄油

24

24小时前

制作苹果馅。

→ **多余酥皮面团**

做成加糖蝴蝶酥。

如无上光料

在烘烤结束时用砂糖浆替代。

整个折叠过程

经常在案板上撒面粉，以免面团板与面团粘住。

其他水果馅酥皮面包

30%重量的苹果馅由其他水果（例如，覆盆子、黑莓）替代，其余按原配方制备。

配方变化

梨馅酥皮面包

▶ 用梨馅替代苹果馅。

苹果－葡萄馅酥皮面包

▶ 在苹果馅中加入用白兰地泡过的葡萄干。

1

制作馅料

15 分钟

+ 烤煮 25分钟

5 个苹果去皮，切成大块，外滴柠檬汁以免氧化。

用刀背将香兰豆荚劈成两半，收集豆子。

将苹果、香兰豆、100克糖和1根肉桂加入大长柄锅，用文火煮沸。

果馅煮好后，挑出香料，将水果打烂。为避免影响面团，水果馅料应尽量少水。

2

制作面团酥皮

40 分钟

+ 静置 1小时10分钟

熔化40克黄油，冷却。将10克盐溶于100克冷水。

将500克面粉、水和熔化的黄油稍加混合形成均匀面团。静置10分钟。

用两张烘焙纸将300克黄油夹在一起，用擀面杖滚压成厚度为1.5厘米的方块。

在撒有面粉的案板上将面团压成厚度为1.5厘米的圆片，然后将黄油块置于其中央。

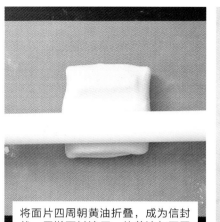

将面片四周朝黄油折叠，成为信封状。用擀面杖滚压，使黄油与面团贴紧。

将面团压成厚度为1.5厘米的面带。扫除面团上多余的面粉。

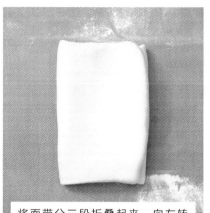

将面带分三段折叠起来，向左转90°角，使折叠面皮相对于操作者成直条状。

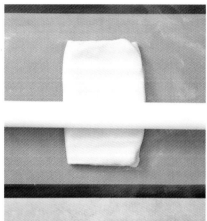

用擀面杖将面团均匀地滚压结实。

再将面团滚压成长条面，再将其分三段折叠起来。

在面团左下角按两个手指印，冷藏20分钟。

进行相同的二次折叠操作（折成直条面皮）。再在面团左下角按四个手指印，冷藏。

进行后面一轮二次折叠操作，并在面团左下角按六个手指印，冷藏约20分钟。

3

制作修颂

35
分钟

+ 烘烤 35分钟   + 静置 30分钟

将面团在撒有面粉的案板上压成厚度5~6毫米的面皮，裁出8个直径约12厘米的圆片。

用擀面杖从中间开始将圆面片滚压成椭圆形、中间薄两端厚的面片。

将一个蛋黄与50克水、1小撮盐混合。在面片上刷蛋黄液。

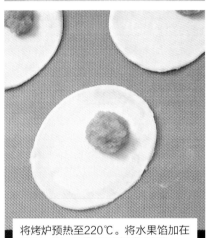

将烤炉预热至220℃。将水果馅加在面皮一端，注意不要沾到面皮边。

将面皮折成酥皮面包要求的形状，用手指小心地捏紧相叠的面皮边。

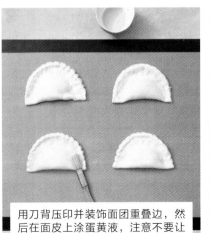

用刀背压印并装饰面团重叠边，然后在面皮上涂蛋黄液，注意不要让蛋黄液流下。

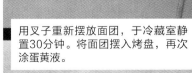

用叉子重新摆放面团，于冷藏室静置30分钟。将面团摆入烤盘，再次涂蛋黄液。

将烤盘送入烤炉，并及时将炉温调低至180℃，烘烤30~40分钟后，置于格栅冷却。

可颂面包

● **搭配饮料** 热巧克力//牛奶咖啡

1小时20分钟	+	20分钟	+	10小时30分钟	=	12小时10分钟	★★★
操作时间		烘烤时间		静置时间		总用时	难度

细盐　　600克45号或55号面粉　　50克砂糖　　100克水　　15克面包酵母

乳化物

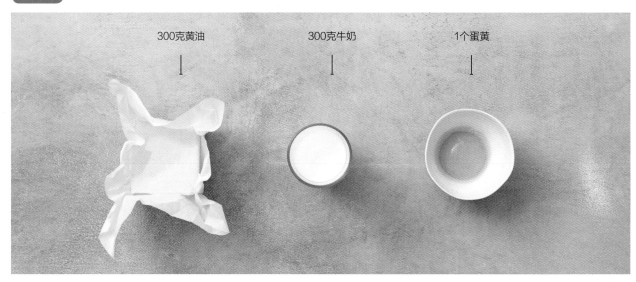

300克黄油　　300克牛奶　　1个蛋黄

1小时前

配料取出置于室温下静置。

→ 多余的面团

将面团压扁，制作糖馅小饼。

如无鲜酵母

改用脱水酵母，添加量为鲜酵母的三分之一，即5克。

杏仁可颂

烘烤前在可颂上加杏仁糊和碎杏仁。

配方变化

香兰豆可颂面包

▶ 为增加香气在面团配方中加入一根香兰豆荚。

可颂贝蒂

▶ 可颂面包晾干一夜，然后切成两半，裹上鸡蛋、牛奶和糖混液，在灶上焙烤。

1

和面与第一次发面

10 分钟

+ 静置 20分钟 + 8 小时

在搅打盆中加入10克盐，再加入500克面粉。15克酵母溶于300克温热牛奶中。

牛奶中加入50克糖，然后将混合物倒在面粉上，用钩形头搅打至面团具有活动性。

用塑料膜罩住搅打盆，在室温下静置发面20分钟。

在撒有面粉的案板上揉面。再将面团放回搅打盆，静置发面至少8小时。

2

黄油掺入面团

20 分钟

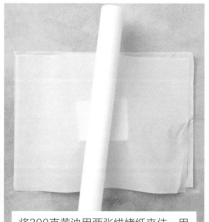

将300克黄油用两张烘烤纸夹住，用擀面杖滚压成厚度1.5厘米的方块。

在撒有面粉的案板上，将面团压成厚度1.5厘米的圆片。

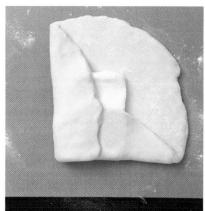

将黄油块置于圆面片中央，四边面皮朝中央折叠成信封状。

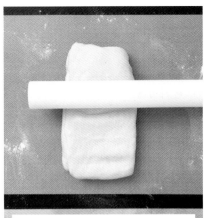

将面团置于无空气流动，25～30℃温度的场所发面1小时。

3

面团分层（二次简单折叠）

10
分钟

+ 静置 25分钟

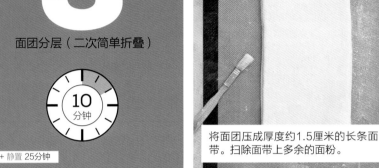

将面团压成厚度约1.5厘米的长条面带。扫除面带上多余的面粉。

先将面团分三节折叠，再朝左旋转四分之一圈，使折叠在右侧。

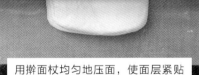

用擀面杖均匀地压面，使面层紧贴在一起。

再将面团压成长方形面带，并将其分三段折叠。

面团于冷藏室静置20～30分钟。

4

可颂成型与烘烤

40
分钟

+ 烘烤 20分钟 + 静置 1小时45分钟

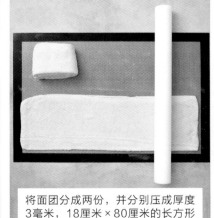

将面团分成两份，并分别压成厚度3毫米，18厘米×80厘米的长方形面带。

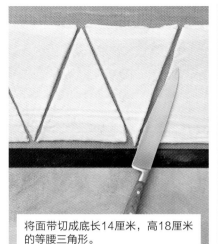

将面带切成底长14厘米，高18厘米的等腰三角形。

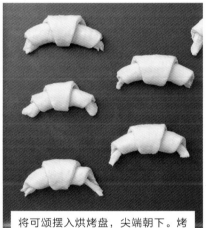

将三角底中部轻轻切开，然后从底部开始将面皮卷成可颂。

厨艺大师秘诀

用两手从底开始，朝顶部将三角面皮卷成可颂形状，最轻轻拉伸两端：注意避免破坏角尖。

将可颂摆入烘烤盘，尖端朝下。烤炉预热到220℃。

将1个蛋黄与100克水、1小撮细盐混合。将蛋黄液用刷子刷在可颂表面，注意不要使其流到烤盘上。

在温和环境中静置发面1小时到2小时，使面团体积增大一倍。

临烘烤前再次对可颂刷蛋黄液。

将烤盘送入烤炉，随即将炉温调低到180℃，烘烤15～20分钟。

将从烤炉取出的可颂置于格栅上冷却。注意不要叠在一起。

黄杏酥皮面包

● **搭配饮料** 杏汁//阿斯蒂

1小时40分钟	25分钟	10小时20分钟	12小时25分钟	★★★
操作时间	烘烤时间	静置时间	总用时	难度

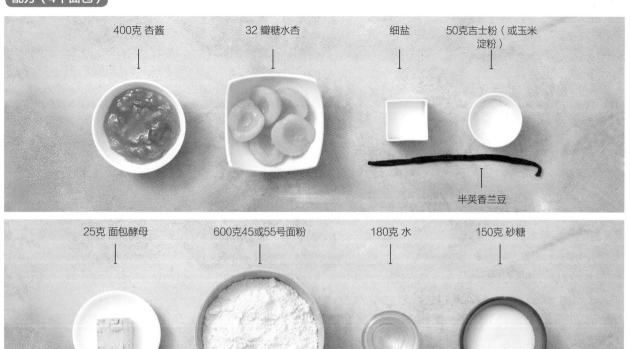

400克 杏酱   32 瓣糖水杏   细盐   50克吉士粉（或玉米淀粉）

半荚香兰豆

25克 面包酵母   600克45或55号面粉   180克 水   150克 砂糖

乳化物

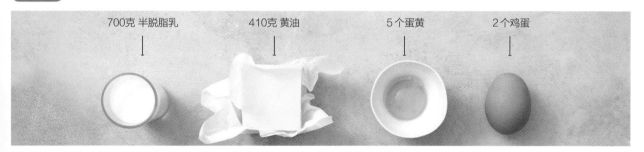

700克 半脱脂乳   410克 黄油   5个蛋黄   2个鸡蛋

24小时前

制作奶油面糊。
若所用鲜杏不够软，可用水煮一下。

→ **多余的杏**

做成稠厚杏浆，与阿斯蒂一起调配鸡尾酒。

如无杏酱

改用其他颜色与杏酱接近的果酱。

户外食用有奥兰

糕点面糊加薰衣草香精和蜂蜜。

配方变化

苹果酥皮面包

▶ 根据黄杏酥皮面包工艺，利用苹果替代杏制备糕点。

迷你酥皮面包

▶ 用去皮去籽白葡萄替代杏。

1

制作糕点糖奶糊

15
分钟

+ 烧煮 5分钟

用500克牛奶、香兰豆、4个蛋黄、100克糖、50克淀粉和50克黄油制备糖奶糊（参见第128页）。

2

和面及第一次发面

15
分钟

+ 静置 20分钟+8 小时

将10克盐加入搅打盆底，再加入500克面粉。将25克酵母溶于200克温热牛奶。

在牛奶中加入50克糖，然后倒入搅打盆，搅打至面团可活动。

逐渐加入60克软化黄油。用塑料膜罩住搅打盆，于室温下静置20分钟。

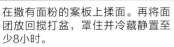

在撒有面粉的案板上揉面。再将面团放回搅打盆，罩住并冷藏静置至少8小时。

3

面团掺黄油

20
分钟

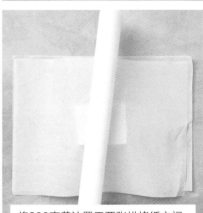

将300克黄油置于两张烘烤纸之间，然后用擀面杖滚压成厚度1.5厘米的方块。

在案板撒上面粉，将面团揉成1.5厘米厚的圆片，然后将黄油块置于中央。

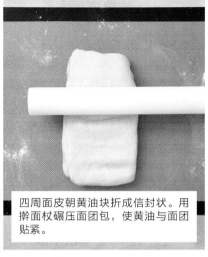

四周面皮朝黄油块折成信封状。用擀面杖碾压面团包，使黄油与面团贴紧。

4

面团分层（二次折叠）

10
分钟

+ 静置 30分钟

将面团压成1.5厘米厚的长条面带。扫去面团上多余的面粉。

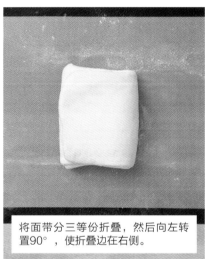

将面带分三等份折叠，然后向左转置90°，使折叠边在右侧。

用擀面杖均匀地滚压，将面层压紧。

再次将面团压成面带，再折成三段。

面团冷藏20～30分钟。

5

成型与烘烤

40
分钟

+ 烘烤 20分钟   + 静置 1小时30分钟

将面团分成两块，每块压成厚度2.5~3mm，26厘米×56厘米的长条面带。

将面带切在13厘米见方的面片，每片中央加糕点糖面糊，四周留2厘米宽不加面糊。

面片两对角摆两块糖水杏，然后将两对角面皮朝中央折叠，加水粘搭在一起。

烤炉预热至220℃。将1个蛋黄与10毫升水、1小撮细盐混合成上光涂料。

将面团坯摆入烤盘，刷上光涂料，注意避免上光料流到盘上。

于温和环境静置1小时30分钟。等面团发面至体积增加一倍，再刷第二遍上光涂料。

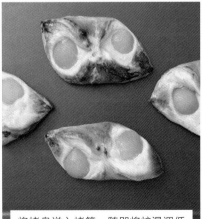

将烤盘送入烤箱，随即将炉温调低到180℃。烘烤15~20分钟。

烘烤结束，面包应有漂亮的金黄色。出炉摆在格栅上，注意避免相互叠在一起。

文火加热80克水和400克杏酱，然后混合均匀。用刷子将混合物刷于面包表面。

巧克力面包

● **搭配饮料** 热巧克力//热奶咖啡

1小时20分钟	20分钟	9小时50分钟	11小时30分钟	★★★
操作时间	烘烤时间	静置时间	总用时	难度

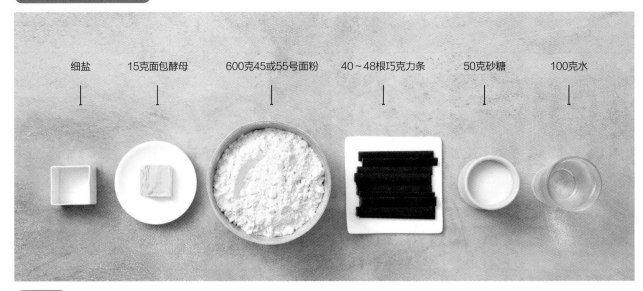

细盐　　15克面包酵母　　600克45或55号面粉　　40~48根巧克力条　　50克砂糖　　100克水

乳化物

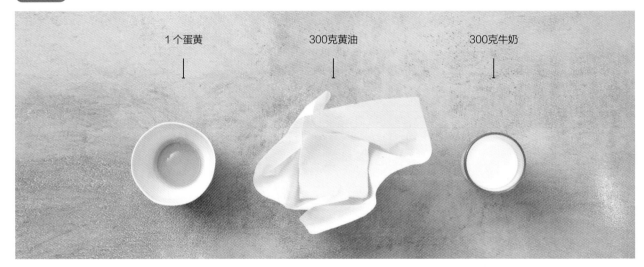

1个蛋黄　　300克黄油　　300克牛奶

➡ 多余的巧克力面包

粗斩拌，与香兰豆奶油混合制成糕点布丁。

改变造型

可做成其他形状，但注意：必须使面团完全裹住巧克力条，否则在烘烤时会发焦。

如无半脱脂乳

改用稀奶油加水混合物。

巧克力面包的法文名

称为 PAIN AU CHOCOLAT，也称为 CHOCOLATINE。两者指的是同一种面包。

配方变化

果仁糖面包
▶ 用果仁糖条替代巧克力条。

夹心面包
▶ 不加巧克力条，烘烤后切口，加馅料。

1

和面与第一次发面

10 分钟

+ 静置 20分钟+8小时

在搅打盆中加入10克细盐，再加入500克面粉。将15克酵母溶于300克温热牛奶。

牛奶中加入50克砂糖，然后将牛奶混合物倒入搅打盆，用钩形头搅打至面团活动。

用塑料膜将搅打盆罩住，于室温下静置20分钟。

将面团倒在撒有面粉的案板上，揉面。再将面团放回搅打盆，用塑料膜罩住，于阴凉处静置发面至少8小时。

2

黄油与面团结合

20 分钟

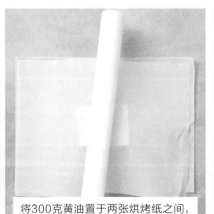

将300克黄油置于两张烘烤纸之间，用擀面杖滚压，使之成为厚度1.5厘米的方块。

在撒有面粉的案板上，将面团压成厚1.5厘米的圆片，然后将黄油摆在中央。

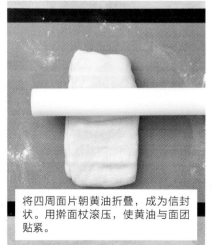

将四周面片朝黄油折叠，成为信封状。用擀面杖滚压，使黄油与面团贴紧。

3

面团分层（二次折叠）

10
分钟

+ 静置 30分钟

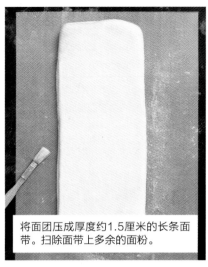

将面团压成厚度约1.5厘米的长条面带。扫除面带上多余的面粉。

将面带分三段折叠，再向左转置90°角，使折边位于右侧。

用擀面杖均匀滚压折叠面团。

面团压成长条面带，再按三等份折叠。

面团于冷藏室静置20～30分钟。

4

整形与烘烤

40
分钟

+ 烘烤 20分钟   + 静置 1小时

将面团等分成两块，每块用擀面杖滚压成厚度2.5～3毫米，15厘米×80厘米的长方形面带。

将面带切成7厘米宽8厘米长的面片。在面片一侧摆上第一根巧克力条。

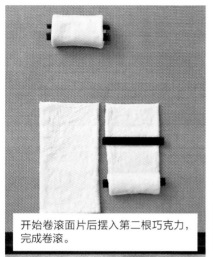

开始卷滚面片后摆入第二根巧克力，完成卷滚。

制作上光料：将 1 个蛋黄与100克冷水、1 小撮盐混合。

将巧克力面包坯卷口朝下摆入烤盘。

厨艺大师秘诀

卷口朝下可避免烘烤时面坯变形，也可避免发面时面皮翘开。

烤炉预热到220℃。对每块巧克力面包坯刷上光涂料，注意避免流到烤盘上。

烤盘静置于室温下发面约1小时，使面团体积增大一倍。

再次对面包坯刷上光料。烤盘送入烤炉，随即将炉温调低至180℃，烘烤15～20分钟。

烤毕，取出巧克力面包，置于格栅冷却，注意面包不要相互叠在一起。

厨艺大师秘诀

"返潮"步骤可赶出仍在糕点中的热蒸汽。如糕点直接摆在案板上，蒸汽会在糕点与案板间冷凝，也会在案板与面团间冷凝。

葡萄面包

● **搭配饮料** 乌龙茶//里韦萨特蜜思嘉甜白葡萄酒

1小时
55分钟
操作时间

+

25分钟
烘烤时间

+

11小时
10分钟
静置时间

=

13小时
30分钟
总用时

★★★
难度

50克 吉士粉
（或玉米淀粉）

275克 砂糖

600克45 或 55 号
面粉

15克 面包酵母

400克 葡萄干

225克 水

细盐

半荚香兰豆

乳化物

800克 半脱脂乳 →

5 个蛋黄 →

→ 350克 黄油

24

24小时前

制作糕点糖奶糊。

→ **多余的葡萄**

做成甜酒–葡萄冰。

如无糖浆

出炉后改用蜂蜜。

甜酒葡萄面包

用甜酒泡发葡萄，然后再
加入糖奶糊增香。

配方变化

果脯面包
▶ 用切碎的混合果脯替代葡萄干。

柑橘面包
▶ 糖奶糊中的牛奶用柑橘混合物（由三
分之二橙汁和三分之一柠檬汁构成的）
替代，葡萄由柑橘蜜饯替代。

1

制作糕点糖奶糊

15 分钟

+ 烧煮 5分钟

用500克牛奶、香兰豆、4个蛋黄、100克糖、50克淀粉和50克黄油制备糖奶糊（参见第128页）。

2

和面及第一次发面

15 分钟

+ 静置 20分钟+8小时

将10克盐加入搅打盆底，再加入500克面粉。将15克酵母溶于300克温热牛奶。

在牛奶中加入50克糖，然后倒入搅打盆，搅打至面团可活动。

用塑料膜罩住搅打盆，于室温下静置20分钟。

在撒有面粉的案板上揉面。再将面团放回搅打盆，罩住，于阴凉处静置发面至少8小时。

3

面团与黄油结合

20 分钟

将300克黄油置于两张烘烤纸之间，然后用擀面杖滚压成厚度1.5厘米的方块。

在案板上撒面粉，将面团揉成1.5厘米厚的圆片，然后将黄油块摆于中央。

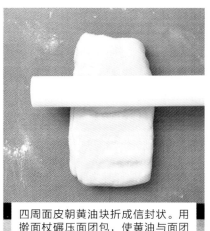

四周面皮朝黄油块折成信封状。用擀面杖碾压面团包，使黄油与面团贴紧。

4

面团分层（二次折叠）

10分钟

+ 静置 30分钟

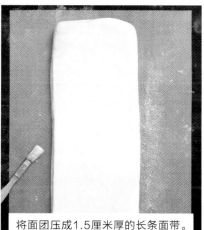

将面团压成1.5厘米厚的长条面带。扫去面团上多余的面粉。

将面带分三等份折叠，然后向左转置90°，使折叠边在右侧。

用擀面杖均匀地滚压面团，使面层压紧。

再次将面团压成面带，再折成三段。阴凉处静置30分钟。

5

整形与烘烤

55分钟

+ 烘烤 20分钟   + 静置 2小时20分钟

将面团分成两块，每块压成厚度4~5mm，25厘米×40厘米的长方形面片。

在面片上涂一层奶油，留下一条2厘米宽的边不涂。

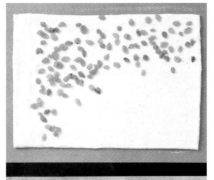

在不涂奶油的面片边上刷水湿润。葡萄干复水，然后撒在面片上的奶油中。

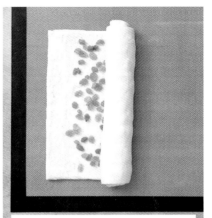

卷滚面片，并用无奶油端粘住。将面卷置于冷藏室30分钟。

用刀将面卷切成厚度3厘米的面卷片，摆入烤盘，在35℃左右温度下静置1小时30分钟。

待螺旋片面团体积增大一倍，移至室温环境。烤炉预热至220℃。

将1个蛋黄与10毫升水、1小撮细盐混合成上光涂料。

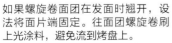

如果螺旋卷面团在发面时翘开，设法将面片端固定。往面团螺旋卷刷上光涂料，避免流到烤盘上。

将烤盘送入烤炉，同时将炉温调低至180℃，烘烤15~20分钟。

将125克水和125克糖混合，加热至沸，冷却。在出炉的螺旋卷上刷糖浆。

附录

划痕

利用专门刷子（划痕刷）或刀背，在修颂等糕点搭接处刻划线痕，改善外观效果。

恒温

将冷藏配料取出，置于厨房环境温度，以恢复其可塑性品质，以便更好的揉面。酥皮面团恒温的目的是为了分层，发酵面团（布里欧修、潘妮托尼）的必要配料恒温有利于发面。

分割

切成小块。

刷蛋黄液

用刷子将蛋黄液刷在棍子面包、布里欧修、修颂或司康妮之类面坯上，以便在烘烤时发色。

蛋黄液

由蛋黄、少量水或牛奶构成的混合液。

45号或55号面粉

45或55表示面粉品质。数值越小，淀粉含量越高，蛋白质含量越低。

撒面粉

在案板或器具上撒少量面粉，以避免面团粘住。

做井圈

将面粉做成井圈，用于逐渐将其他配料加入圈中。

切口

烘烤前在面包上切口。

切口器

用于面包切口的面团刀片。

浇模

将滚体制备物或面糊浇入模具，最后在烘烤时获得模具形状。

面团

非切割的面团。

揉面

用手或搅打器的钩形头混合各种配料，以获得均匀的光滑的面团。

烫煮

将食品浸在液体（水，糖浆等）中烤煮。

酵头

面粉与等量水及面包酵母的混合发酵物。用作面包面团配料，可增加面团弹性，赋予面包特色滋味，也有利于面包保藏。

发面

使酵母发酵面团体积增加。

揉揣面团

通过用手折叠，揉揣面团，临时减缓酵母面团（布里欧修）发酵过程，赶出二氧化碳气体。揉揣面团可使已经增殖的酵母重新均匀发面，也获得后面发酵所需的氧气。

更新

上批留下的面团（通常是面粉和黑麦粉的混合物），静置发面至少12小时，然后更新，即加水，加面粉。

划线

预涂蛋黄液的酥皮面团在烘烤前，用刀尖均匀地刻划线条图案。

静置

放于一边。

中断发面

临时终止发酵面团的发酵过程。

筛子

由织物固定在木框上构成的用具。可用于筛面粉和酵母等，以获得无结块的均匀粉体。

和面机

强力面团混合机，也指带木浆的和面装置，或指搅打混合机。

烘焙建议

准备

酵母活化可使其发挥生长优势。为此，可以使其溶于温热牛奶（当然，前提是配方中有牛奶）中。

波兰面团

面团体积增大三倍的为波兰面团。制作物中间稍有塌陷。

揉捏

室温下揉面可以确保揉捏均匀。理想的揉面温度范围在20～25℃之间。

如果面团要掺黄油，只有软化黄油才能很好地与面团结合。用冷黄油制作的面团不光滑。

为使配料合并在一起而避免面粉弄到容器外，开始应慢速搅打。另外，慢速搅打还可以避免面团发热。

在案板上用手揉面，应在案板上适当撒面粉，以免面团粘在案板上。

第一次发面

在面团上涂一些避免面团风干结皮。

第一次发面宜在30℃左右温度、无流动空气环境下进行，并用面布或塑料膜将面团罩住。

第一次发面后

揉面，即赶出面团中的气体，以免面包太空或形成酸味。

加入化学发酵剂后，面团不能发酵太长时间。

整形

整形用的小面团重量相等，烘烤后可得到相同的面包。

小圆面包制作时，如圈模预先涂油，可得到完全均匀的小圆面包。如无圈模，可用铝箔折叠三到四层成带，再围成圈模。

面团在烤盘上摆放

泡芙或牛奶面包摆到烤盘时，面坯间应留出足够的空间，以便发面时不会碰在一起。

对于诸如巧克力面包之类面包糕点，应将面皮卷头朝下，以免烘烤时变形，或在发面时面卷翘开。

浇铸造型

将面糊倒入模具时，要注意避免倒在边上，也不要超过模具高度的四分之三。

刷蛋黄液

刷面团的蛋黄液流到烤盘上会凝结，也会阻碍小面团正常发面，因为烤盘上的蛋黄液也会将面团粘住。

烘烤

通常烤炉温度分布不会均匀。因此，在烘烤过程中，要将烤盘调转方向，以便使面包发色均匀。

冷却

如无糕点格栅，可用烤炉格栅置于四只蛋糕模上替代。

烘烤后

黑麦面包的香气主要在出烤炉后的几个小时形成。因此，建议烘烤后放置一天再食用。

可以用刀片插入面包或糕点中央的方法测试布里欧修之类糕点的烤熟程度：如果抽出的刀片是干燥的，则认为已经烤好，否则，应当再多烤几分钟。

索引

制作时间表

	页码	操作时间	烘烤时间	发酵（发面）和静置时间
面包				
乡村面包	12	45分钟	35分钟	4小时55分钟（2小时+10分钟+1小时+1小时45分钟）
谷物面包	18	45分钟	35分钟	2小时30分钟（1小时+1小时30分钟）
黑麦面包	24	45分钟	35分钟	26小时30分钟（1小时+30分钟+1小时+24小时）
百吉饼	30	1小时10分钟	25分钟	2小时15分钟（1小时30+25分钟+20分钟）
面包条	36	40分钟	15分钟	2小时35分钟（15分钟+1小时30+20分钟+15分钟+30分钟）
汉堡面包	42	45分钟	10分钟	2小时30分钟（1小时+1小时+30分钟）
香草面包	48	35分钟	25分钟	3小时40分钟（10分钟+2小时+1小时+30分钟）
维也纳长棍面包	102	1小时	20分钟	9小时40分钟（1小时+30分钟+6小时+2小时+10分钟）
法式长棍面包	138	1小时20分钟	15分钟	4小时45分钟（1小时+1小时+2小时45）
铸铁锅面包	144	40分钟	40分钟	5小时（1小时+2小时+2小时）
葡萄核桃乡村面包	150	55分钟	35分钟	5小时15分钟（2小时+2小时+1小时15）
白吐司面包	156	1小时	45分钟	3小时10分钟（1小时15+10分钟+1小时45）
无麸质面包	162	1小时25分钟	35分钟	4小时（1小时+1小时+1小时30+30分钟）
蒸面包	168	1小时10分钟	20分钟	2小时20分钟（2小时+20分钟）
印度烤饼	174	50分钟	3分钟	3小时（1小时+2小时）
糕点				
牛奶面包	6	50分钟	10分钟	4小时40分钟（1小时+2小时+1小时30+10分钟）
布里欧修	108	55分钟	25分钟	11小时40分钟（1小时+30分钟+8小时+2小时+10分钟）
奶油酥	114	1小时15分钟	25分钟	12小时10分钟（1小时+30分钟+8小时+30分钟+2小时+10分钟）
瑞士奶油酥	120	1小时5分钟	35分钟	11小时20分钟（30分钟+8小时+2小时30分钟+10分钟+10分钟）
糖面奶油面包	126	1小时20分钟	40分钟	11小时10分钟（30分钟+8小时+2小时40分钟）
蝴蝶酥	132	1小时	20分钟	2小时20分钟（10分钟+1小时+1小时10分钟）
苹果馅酥皮面包	186	1小时30分钟	1小时	1小时40分钟（1小时10分钟+30分钟）
可颂面包	192	1小时20分钟	20分钟	10小时30分钟（20分钟+8小时+25分钟+1小时45分钟）
黄杏酥皮面包	198	1小时40分钟	20分钟	10小时20分钟（20分钟+8小时+30分钟+1小时30分钟）
巧克力面包	204	1小时20分钟	20分钟	9小时50分钟（20分钟+8小时+30分钟+1小时）
葡萄干甜面包	210	1小时55分钟	25分钟	11小时10分钟（20分钟+8小时+30分钟+2小时20分钟）
花色糕点				
椒盐脆饼	54	1小时	25分钟	50分钟（30分钟+20分钟）
油炸猫耳朵小饼	60	1小时10分钟	15分钟	4小时45分钟（1小时+2小时30分钟+1小时15分钟）
珍珠糖粒小泡芙	66	50分钟	20分钟	—
松饼	72	40分钟	40分钟	2小时（1小时30分钟+30分钟）
司康饼	78	25分钟	5分钟	15分钟（5分钟+10分钟）
咕咕洛夫面包	84	40分钟	30分钟	4小时15分钟（1小时30+1小时45分钟+1小时）
英式松饼	90	40分钟	15分钟	1小时40分钟（1小时+30分钟+10分钟）
香料面包	96	45分钟	45分钟	45分钟（10分钟+35分钟）
潘妮托尼	180	50分钟	40分钟	3小时40分钟（1小时+1小时15分钟+1小时15分钟+10分钟）

图书在版编目（CIP）数据

面包烘焙教室 /（法）克里斯托夫·多韦尔涅（Christophe dovergne），（法）达米安·杜肯（Damien duquesne）著；许学勤译. —北京：中国轻工业出版社，2018.11

ISBN 978-7-5184-2071-1

Ⅰ .① 面… Ⅱ .① 克…② 达…③ 许… Ⅲ .① 面包 – 烘焙 Ⅳ .① TS213.2

中国版本图书馆 CIP 数据核字（2018）第 182914 号

责任编辑：张　靓　　　责任终审：劳国强　　封面设计：锋尚设计
版式设计：锋尚设计　　责任校对：李　靖　　责任监印：张　可

出版发行：中国轻工业出版社（北京东长安街6号，邮编：100740）

印　　刷：北京富诚彩色印刷有限公司

经　　销：各地新华书店

版　　次：2018年11月第1版第1次印刷

开　　本：787×1092　1/16　印张：11.75

字　　数：150 千字

书　　号：ISBN 978-7-5184-2071-1　定价：78.00元

邮购电话：010-65241695

发行电话：010-85119835　传真：85113293

网　　址：http://www.chlip.com.cn

Email：club@chlip.com.cn

如发现图书残缺请与我社邮购联系调换

161410S1X101ZYW